国家骨干高职院校项目建设成果

Daolu Qiaoliang Gongcheng Jishu Zhuanye ji Zhuanyequn

道路桥梁工程技术专业及专业群

Rencai Peiyang Fang'an

人才培养方案

张春晓　刘　华　柳　伟　主编

江祥林　主审

人民交通出版社股份有限公司
China Communications Press Co.,Ltd.

内 容 提 要

《道路桥梁工程技术专业及专业群人才培养方案》是江西交通职业技术学院国家骨干高职院校建设项目的重点专业建设成果之一。道路桥梁工程技术专业建设项目是央财支持的重点专业建设项目之一。项目实施过程中，坚持“服务需求、就业导向，产教融合、特色办学”的原则，将公路工程施工员、试验检测员等职业岗位任职要求融入人才培养方案中，根据不同岗位的能力要求，构建了“系企合一、产学一体”的人才培养模式，同时，将公路建设行业标准导入专业课程，建立了专业教学标准。全书分为三个部分，第一部分是道路桥梁工程技术专业人才培养方案、实施人才培养方案的支撑条件以及主要的课程标准；第二部分是公路监理专业人才培养方案及其专业核心学习领域课程标准；第三部分是高等级公路维护与管理专业人才培养方案及其专业核心学习领域课程标准。

本书可以作为高职院校同类专业的教学参考标准，也可以作为其他专业制订人才培养方案和教学标准的参考用书。

图书在版编目(CIP)数据

道路桥梁工程技术专业及专业群人才培养方案 / 张春晓，刘华，柳伟主编. —北京：人民交通出版社股份有限公司，2015.1

国家骨干高职院校项目建设成果

ISBN 978-7-114-12441-9

Ⅰ.①道… Ⅱ.①张…②刘…③柳… Ⅲ.①道路工程-人才培养-高等职业教育-教材②桥梁工程-人才培养-高等职业教育-教材 Ⅳ.①U415②U445

中国版本图书馆 CIP 数据核字(2015)第 183758 号

国家骨干高职院校项目建设成果

书　　名：道路桥梁工程技术专业及专业群人才培养方案
著 作 者：张春晓　刘　华　柳　伟
责任编辑：卢仲贤　刘　倩
出版发行：人民交通出版社股份有限公司
地　　址：(100011)北京市朝阳区安定门外外馆斜街 3 号
网　　址：http://www.ccpress.com.cn
销售电话：(010)59757973
总 经 销：人民交通出版社股份有限公司发行部
经　　销：各地新华书店
印　　刷：北京市密东印刷有限公司
开　　本：787×1092　1/16
印　　张：15.5
字　　数：364 千
版　　次：2015 年 1 月　第 1 版
印　　次：2015 年 1 月　第 1 次印刷
书　　号：ISBN 978-7-114-12441-9
定　　价：90.00 元
(有印刷、装订质量问题的图书由本公司负责调换)

江西交通职业技术学院
专业人才培养方案编审委员会

主　任：朱隆亮　江西交通职业技术学院

副主任：黄晓敏　江西交通职业技术学院

　　　　刘　勇　江西交通职业技术学院

委　员：张春晓　江西交通职业技术学院

　　　　王敏军　江西交通职业技术学院

　　　　刘　华　江西交通职业技术学院

　　　　官海兵　江西交通职业技术学院

　　　　黄　浩　江西交通职业技术学院

　　　　张智雄　江西交通职业技术学院

　　　　黄　侃　江西交通职业技术学院

　　　　江祥林　江西省交通科学研究院

　　　　彭志勇　江西运通汽车技术服务有限公司

　　　　戴豪赣　江西长运大通物流有限公司

　　　　邝仲平　江西方兴科技有限公司

　　　　李俊彬　江西交通职业技术学院

　　　　柳　伟　江西交通职业技术学院

本书编审人员

主　编:张春晓　江西交通职业技术学院

刘　华　江西交通职业技术学院

柳　伟　江西交通职业技术学院

主　审:江祥林　江西省交通科学研究院

参　编:梁安宁　江西交通职业技术学院

周　娟　江西交通职业技术学院

朱学坤　江西交通职业技术学院

邹花兰　江西交通职业技术学院

王立军　江西交通职业技术学院

邓　超　江西交通职业技术学院

刘　芳　江西交通职业技术学院

郝　攀　江西交通职业技术学院

胡云卿　江西交通职业技术学院

谢　艳　江西交通职业技术学院

周　园　江西交通职业技术学院

刘　燕　江西交通职业技术学院

蔡龙成　江西交通职业技术学院

方春虎　江西交通职业技术学院

黄群杰　江西交通职业技术学院

王　彪　江西交通职业技术学院

席强伟　江西交通职业技术学院

陈晓明　江西交通职业技术学院

聂莉萍　江西交通职业技术学院

李　玮　江西交通职业技术学院

姜小磊　江西省天驰高速科技发展有限公司

孟丛丛　江西省天驰高速科技发展有限公司

序

PREFACE

为配合国家骨干高职院校建设，推进教育教学改革，重构教学内容，改进教学方法，在多年课程改革的基础上，江西交通职业技术学院组织相关专业教师和行业企业技术人员共同编写了“国家骨干高职院校重点建设专业人才培养方案和优质核心课程系列教材”。经过三年的试用与修改，本套丛书在人民交通出版社股份有限公司的支持下正式出版发行。在此，向本套丛书的编审人员、人民交通出版社股份有限公司及提供帮助的企业表示衷心感谢！

人才培养方案和教材是教师教学的重要资源和辅助工具，其优劣对教与学的质量有着重要的影响。好的人才培养方案和教材能够提纲挈领，举一反三，而差的则照搬照抄，不知所云。在当前阶段，人才培养方案和教材仍然是教师以育人为目标，服务学生不可或缺的载体和媒介。

基于上述认识，本套丛书以适应高职教育教学改革需要、体现高职教材“理论够用、突出能力”的特色为出发点和目标，努力从内容到形式上有所突破和创新。在人才培养方案设计时，依据企业岗位的需求，构建了以岗位需求为导向，融教学生产于一体的工学结合人才培养模式；在教学内容取舍上，坚持实用性和针对性相结合的原则，根据高职院校学生到工作岗位所需的职业技能进行选择。并且，从分析典型工作任务入手，由易到难设置学习情境，寓知识、能力、情感培养于学生的学习过程中，力求为教学组织与实施提供一种可以借鉴的模式。

本套丛书共涉及汽车运用技术、道路桥梁工程技术、物流管理和交通安全与智能控制等27个专业的人才培养方案，24门核心课程教材。希望本套丛书能具有学校特色和专业特色，适应行业企业需求、高职学生特点和经济社会发展要求。我们期待它能够成为交通运输行业高素质技术技能人才培养中有力的助推器。

用心用功用情唯求致用，耗时耗力耗资应有所值。如此，方为此套丛书的最大幸事！

江西省交通运输厅总工程师 胡钊芳

2014年12月

目录

CONTENTS

道路桥梁工程技术专业人才培养方案

公路监理专业人才培养方案

高等级公路维护与管理专业人才培养方案

道路桥梁工程技术专业
人才培养方案

第一部分　主体部分

一、专业名称(专业代码)

道路桥梁工程技术(520108)

二、招生对象

普通高中毕业生或具有同等学力者

三、学制

全日制三年

四、培养目标

本专业培养适应社会主义现代化建设需要,德、智、体、美全面发展,具有施工员、试验检测员等岗位必备的基本理论和专业知识,具有较强的实践能力、创造能力、就业能力和创业能力,具有良好的职业道德、创业精神和健全的体魄,能适应公路建设第一线需要的"下得去、信得过、留得住、用得好"的技术技能人才。

五、就业面向

本专业毕业生主要面向公路建设行业的施工企业、试验检测机构等单位,从事施工技术管理、试验检测等技术工作。

主要岗位:施工员、试验检测员;

拓展岗位:测量员、造价员;

发展岗位:技术主管、试验室主任及测量主管等。

六、培养规格

(一)素质目标

(1)具有强烈的责任意识、质量意识、安全意识及环保意识;

(2)具有良好的文化、身体和心理素质;

(3)爱岗敬业,团结协作,遵纪守法,热爱劳动;

(4)具有逢山开路、遇水架桥、一往无前的开路先锋精神和默默无闻、甘于奉献、不怕牺牲的铺路石精神。

(二)知识目标

(1)具有本专业所必需的数学计算、英语交流、计算机应用等科学文化基础知识;

(2)熟悉公路工程识图、力学分析、工程测量、工程材料等专业基础知识；
(3)掌握公路工程勘测设计、施工管理、试验检测、施工放样等专业知识；
(4)了解公路建设的新技术、新材料、新工艺和新设备的相关信息。

(三)能力目标

(1)具有识读和绘制工程结构图的能力；
(2)具有公路工程勘测、施工放样和竣工测量的能力；
(3)具有公路工程试验检测的能力；
(4)具有在现场从事公路工程施工与管理的能力；
(5)具有编制工程造价与现场工程计量的能力；
(6)具有编制、收集、整理工程技术资料的能力；
(7)具有计算机操作和安装使用常用专业软件的能力；
(8)具有较强的自学和获取知识的能力。

七、教学环节进程安排表

(一)培养时间分配表

在人才培养的实施过程中,教学环节培养时间分配如表1-1所示。

道路桥梁工程技术专业培养时间分配表 表1-1

学年		第一学年			第二学年			第三学年			合计
学期		1	2	3	4	5	6	7	8	9	
1	入学教育	1周									1周
2	国防教育	2周									2周
3	课内教学	16周	17周		17周	16周			12周		78周
4	实践教学		1周	4周	1周						6周
5	生产实习						6周	6周		19周	31周
6	毕业教育								1周		1周
累计		19周	18周	4周	18周	16周	6周	6周	13周	19周	119周

注:1. 课内教学,指按课程(学习领域)组织的各种教学活动,包括理论课程、理实一体化课程等。
2. 实践教学,指计划单列的非生产性实践教学活动,包括专业认识实践、专项单列实训、课程设计、综合设计、社会实践等。
3. 生产实习,指生产性教学实习活动,包括工学交替生产实习、生产劳动实习、毕业顶岗实习。

(二)教学进程表

本专业教学进程如表1-2所示。

道路桥梁工程技术专业教学进程表 表1-2

序号	类别	课程名称	教学时数与学分				考核方式		课内教学周时数与实践周数								
									第一学年			第二学年			第三学年		
			总学时	学分	理论学时	实践学时	考试学期	考查学期	一	二	三	四	五	六	七	八	九
									16周	17周	4周	18周	16周	6周	6周	12周	0周
1	公共基础课程	“两课”基础	64	4	60	4		1	4								
2		“两课”概论	68	4	58	10		2			4						
3		体育	66	4	10	56		1、2	2	2							
4		计算机应用基础	68	4	36	32	2			4							
5		大学英语	99	6	93	6		1、2	3	3							
6		土建数学	99	6	95	4		1、2	3	3							
7		应用文写作	24	2	18	6		8								2	
8		就业指导	12	1	8	4		8								1	
		小计	500	31	378	122			百分比			16.12%					
9	专业基础学习领域	工程测量	64	4	24	40	1		4								
10		工程力学	64	4	60	4	1		4								
11		工程制图与CAD	115	8	91	24	1、2		4	3							
12		工程岩土	85	6	65	20	2			5							
13		道路建筑材料试验	90	6	48	42	4					5					
		小计	418	28	288	130			百分比			13.48%					
14	专业核心学习领域	路基工程施工	72	5	56	16	4					4					
15		路面工程施工	64	4	48	16	5						4				
16		桥涵工程施工	170	10	144	26	4、5					5	5				
17		道路工程检测	64	4	28	36	5						4				
18		桥梁现场检测	80	5	32	48	5						5				
		小计	450	28	308	142			百分比			14.51%					
19	专业拓展学习领域	公路勘测设计	72	5	56	16		4				4					
20		机械化施工	54	4	48	6		4				3					
21		公路沿线设施施工	54	4	46	8		4				3					
22		隧道工程施工	48	3	44	4		5					3				
23		公路沿线设施检测	48	3	36	12		5					3				
24		隧道工程检测	36	2	20	16	8						3				
25		工程招投标与工程造价	60	4	36	24	8									3	
26		工程监理	48	3	42	6		8								5	
27		公路工程资料管理	48	3	38	10		8								4	
28		公路养护与管理	36	2	32	4	8									4	
		小计	504	33	398	106			百分比			16.25%					

续上表

序号	类别	课程名称	教学时数与学分				考核方式		课内教学周时数与实践周数								
			总学时	学分	理论学时	实践学时	考试学期	考查学期	第一学年			第二学年			第三学年		
									一	二	三	四	五	六	七	八	九
									16 周	17 周	4 周	18 周	16 周	6 周	6 周	12 周	0 周
29	实践学习领域	入学教育	1 周	1		30		1	1 周								
30		国防教育	2 周	2		60		2	2 周								
31		工程测量实训	4 周	6		120		3			4 周						
32		CAD 实训	1 周	2		30		2		1 周							
33		公勘设计实训	1 周	2		30		4				1 周					
34		公路施工实训	6 周	8		180		6						6 周			
35		工程检测实训	6 周	8		180		7							6 周		
36		毕业教育	1 周	1		30		8								1 周	
37		毕业顶岗实习	19 周	10		570		9									19 周
小计			1230	40					3 周	1 周	4 周	1 周	0 周	6 周	6 周	1 周	19 周
实践教学总学时			1730							百分比		55.77%					
总学分			160														
总学时数			3102														

注:本教学进程表中未计入选修课。

(三)课程设置及学时比例

在人才培养的实施过程中,各教学环节学时比例如表 1-3 所示。

道路桥梁工程技术专业课程设置及学时比例表 表 1-3

项目	理论教学	实践教学			
		课内实训	专项实训	生产实习	合计
学时	1372	500	300	930	1730
所占比例	44.23%	55.77%			

注:1. 理论教学学时,不包含课内的实训环节教学,课内实训是指有课程教学内完成的、非计划单列实践教学。

2. 专项实训是指计划单列的非生产性实践教学,包括专业认识实践、专项单列实训、课程设计、综合设计、社会实践等。

3. 生产实习包含轮岗生产实习、定岗生产实习、毕业顶岗实习。

八、毕业标准

(一)基本要求

(1)德、智、体、美等方面均通过学生管理部门考核达标;

(2)按规定完成课程(学习领域)的学习,成绩合格;

(3)完成各项独立实践环节(单列科目,如课程设计、实训实习、毕业实践、毕业设计等)的学习,成绩合格。

（二）考证要求

（1）必须取得全国计算机等级证（一级及以上）和英语应用能力证书（三级 B）；

（2）获得至少一个本专业职业资格证书方可毕业。

本专业职业资格证书如表 1-4 所示。

道路桥梁工程技术专业职业资格证书表　　表 1-4

序号	考核项目	考核发证部门	等级要求
1	试验工	江西省人力资源与社会保障厅	四级
2	测量工	江西省人力资源与社会保障厅	四级
3	试验检测员	江西省交通工程质量监督站	

（三）其他要求

完成任选课的学习，并取得 5 学分。

九、其他说明

（1）工程测量实训、公路施工实训会占用暑假时间，主要由江西省交通规划勘察设计院（校中厂）、路桥施工教学基地（厂中校）进行实训管理。

（2）在进行公路施工实训、工程检测实训前，需提前与合作企业做好沟通，以便合理安排学生实训岗位，确保学生实训结束后按期返校。

（3）本专业人才培养方案由路桥工程系校企合作工作委员会组织修订。

（执笔人：刘华）

第二部分　支撑材料

一、专业人才培养实施条件

(一)专业教学团队

1. 师资数量与结构

(1)教师队伍数量,应与学生规模相适应,生师比控制在16:1左右。

(2)教师队伍,应结构优化,梯队合理,45岁以下青年教师中研究生学历或硕士以上学位比例达到30%,专任教师中高级职称的比例大于或等于30%,具备双师素质教师的比例应达到90%以上。

(3)每门课程(学习领域)的专任教师,应不少于2人,其中专业核心学习领域应配备相关专业中级技术职称以上的双师素质教师2人。

(4)各专业学习领域及独立实践环节,均应配备行业企业工程技术人员担任兼职教师,兼职教师承担专业教学折算比例应达到50%左右。

(5)专业实习(训)指导教师,均为大专以上学历或中级以上职称。实习(训)指导教师,具有中高级职称的比例大于或等于20%。

2. 业务水平

教师应具备良好的职业道德和一定的教学科研能力,达到高等教育教师任职资格的要求且具备高等教育教师任职资格。其中,主讲教师应由具备讲师以上职称及相关专业执业资格证书的专任教师,或工程师以上职称的兼职教师担任,参加科学研究或技术服务的专任教师人数不少于专任教师总数的30%。

3. 教学团队现状

道路桥梁工程技术专业现有专业教师83人,其中专任教师35人,从施工、检测、监理、设计等相关单位聘请了具有丰富实践经验的兼职教师48名。在专任教师中,省高等学校教学名师1人、省高等学校中青年学科带头人1人、省高等学校中青年骨干教师5人,双师素质教师的比例达97%。

(二)专业教学资源

1. 选用优秀的高职高专规划教材

在选择教材时,应整体研究制订教材选用标准和选用程序,确保具有时代性、应用性、先进性和普适性的优秀教材优先被选用,同时,要注意选用具有鲜明行业特征的高职高专规划教材、特色教材和精品教材。

2. 开发基于工作过程的校本教材

根据施工员等职业岗位任职要求,确定《路基工程施工》等5门专业核心课程。通过引入行业技术标准,收集省内外公路施工典型案例,将企业生产实际中的新技术、新工艺、新方法编入校本教材，将职业岗位能力和职业道德融入教学内容中，由专业教师与企业技术人员共同开发配套的道路桥梁工程技术专业校本教材，如表1-5所示。

道路桥梁工程技术专业开发及建议选用教材一览表 表1-5

序号	教材名称	出版社	主编	出版时间
1	路基工程施工	人民交通出版社股份有限公司	周娟	2015年
2	路面工程施工	人民交通出版社股份有限公司	朱学坤、蔡龙成	2015年
3	桥梁工程施工（上册）	人民交通出版社股份有限公司	邓超、邹花兰、李娟	2015年
4	桥涵工程施工（下册）	人民交通出版社股份有限公司	邹花兰	2015年
5	道路工程检测	人民交通出版社股份有限公司	王立军	2015年
6	桥梁现场检测	人民交通出版社股份有限公司	邓超、吴继锋	2015年
7	工程测量	人民交通出版社股份有限公司	谢艳	2015年
8	道路材料	合肥工业大学出版社	陈晓明、周娟	2013年
9	公路工程施工监理	黄河水利出版社	陈晓明	2012年
10	土建数学	人民交通出版社	陈秀华	2011年
11	应用力学	人民交通出版社	孔七一	2012年
12	工程岩土	高等教育出版社	罗筠	2011年
13	公路测设技术	人民交通出版社	王建林	2011年
14	公路工程造价与招投标	人民交通出版社	俞素平、丁永灿	2011年

3. 建设精品资源共享课程

充分利用信息化手段开展教学，加强网络学习平台建设，通过慕课、个人空间、网络课程等信息化技术建设精品资源共享课程，整合各种优质教学资源进行专业教学。学院建设的本专业精品资源共享课程如表1-6所示。

道路桥梁工程技术专业精品资源共享课程一览表 表1-6

序号	课程名称	建设状态	负责人	通过时间
1	路基工程施工	省级精品资源共享课程	周娟、刘武（企）	2014年
2	路面工程施工	省级精品资源共享课程	蔡龙成、廖小春（企）	2013年
3	桥涵工程施工	省级精品资源共享课程	邹花兰、江祥林（企）	2013年
4	道路工程检测	院级精品资源共享课程	陈晓明、胡宗林（企）	2013年
5	桥梁现场检测	省级精品资源共享课程	吴继锋、徐远明（企）	2013年
6	工程测量	院级精品资源共享课程	谢艳、钟自生（企）	2013年

4. 专业网络教学资源

以数字化校园为运行载体，以学习领域（课程）为组织形式，利用网络学习平台建设共享性网络教学资源库，主要包括试题库、课件库、专业教学素材库、教学录像库等。本专业网络教学资源库的配置建议，如表1-7所示。

道路桥梁工程技术专业网络教学资源库的配置建议 表 1-7

类别	资源	主要内容与要求	备注
专业基本资源	专业简介	专业代码、招生对象、学制、就业面向、专业特点、主要课程等	专业介绍
	人才培养方案	主要包括培养目标、专业面向的职业岗位分析、专业定位、课程体系、核心课程描述、教学进程、毕业标准、实施条件、实施规范、实施流程、实施保障等	
	课程标准	专业核心课程的课程标准	
	教学文件	教学管理相关文件	
课程教学资源	教学指南	本课程的作用、目标和要求，本课程与职业岗位的关系，本课程与其他课程的关系，本课程的主要特点、课程结构、课程内容、课时分配、课程的重点与难点、实践教学体系、课程教学方法、课程教学资源、课程考核、课程授课方案设计、课程建设与工学结合效果评价等	专业基本配置
	教学设计	主要包括：学时安排、学习任务设计、学习内容确定、教学目标设定、教学重难点分析及处理、任务工单提供、教学方法建议、教学手段选用、教学设施和教学场地安排、教学实施要求、课程考核方法以及课后总结等	
	多媒体课件	优质核心课程课件	
	教学视频库	课程设计录像、课堂教学录像、实训操作演示录像等	
	案例库	以一个完整的企业项目为案例单元，通过观看、阅读、学习、分析案例，实现知识内容的传授、知识技能的综合应用展示、知识迁移、技能掌握等	
	FLASH 资源	教学难点的动漫演示	
	实训项目	实训目标、实训设备、实训要求、实训内容与步骤、实训项目考核和评价标准、实训报告或总结、技术手册、操作规程与安全注意事项	
	学生作品	学生学习成果、实训作品和生产产品	
自主学习资源	学习指南	课程学习目标与要求，重点、难点提示及释疑，学习方法，典型任务解析，自我测试题及答案，参考资料和网站	专业特色配置
	试题库及自测系统	知识和技能测试	
	视频库	学习任务实施操作视频资料	
	网络课程	基于互联网的自主学习平台	
	课程链接	与本专业相关的网站	
拓展学习资源	拓展视频资源	其内容可以在教学标准的基础上适当拓展	专业拓展选配
	专业教材素材库	与本课程或本专业相关的行业标准、规范规程、专利资料、法律法规、技术资料等	
	专题讲座库	与本课程或本专业相关的专家讲座视频等	
	虚拟仿真	按教学内容列出仿真软件，并提供应用入口	
	远程音视频教学系统	依托路桥施工教学基地、江西省交通工程质量安全管理平台，实时实施路桥施工现场教学	
	国家职业教育专业教学资源库	道路桥梁工程技术国家职业教育专业教学资源库提供本专业一系列课程的自主学习平台	
	课程 BBS	建立由专人管理的网上论坛	
	网上答疑	按主讲教师开设答疑室	
	其他资源	素质教育模块、课外活动园地	

5. 其他教学资源

学院图书馆或资料室应当配置数量适当、结构合理、技术新颖的本专业的纸质书和电子图书，为专业学习、教学、科研和社会服务提供良好的信息服务。学院配置的电子图书，应具有良好服务功能，能为专业教学资源库建设提供大数据服务。

学院图书馆现有纸质图书55万余册，电子图书约11.5万册，其中路桥类专业10.4万余册，各种期刊(含历年合订本)约1.2万册。电子资源有超星电子图书、书生电子图书、中国交通运输科技资源数据库、万方电子期刊、超星读秀、爱迪科森《网上报告厅》等。

(三)试验实训条件

1. 校内实训条件

根据道路桥梁工程技术专业培养目标和教学要求，校内应具备一体化教学和生产性实习等基本实训条件。实训室在设备和工位数量上应能保证1个教学班实施理实一体化课程的需要，配置多媒体教学设备，便于开展教、学、做合一的教学活动。在校企共建过程中，保障技术及设备的更新，紧跟技术的发展步伐。目前，建有桥隧检测等5个实训室，1个路桥园综合实训基地，与本校办的江西省交通规划勘察设计院、江西省交苑公路工程试验检测中心共建了2个“校中厂”。校内试验实训条件配置建议如表1-8所示。

校内试验实训条件配置建议表 表1-8

序号	名　称	主要设备配置	主 要 功 能	对应课程	容纳人数
1	桥隧检测实训室	桥梁动载测试分析系统、桥梁静态采集系统、测斜仪、锚杆拉拔计、非金属超声波检测仪、锚杆锚固质量检测仪、激光隧道断面检测仪、磁粉探伤仪、超声测力计等	主要承担基桩完整性、结构混凝土测强、桥梁荷载试验等实训；开展试验检测员技能培训	桥梁现场检测、隧道工程检测	60人
2	道路检测实训室	摆式摩擦系数测定仪、拉拔试验仪、车拖式汽油驱动路面取芯机、无核法密度湿度计、无核法沥青路面密度测试计、公路连续式平整度仪、新拌混凝土快速测试仪、手持式落锤弯沉仪等	主要承担灌砂法测压实度、路面厚度测试、路面弯沉试验、路面平整度试验、摩擦系数试验等实训；开展试验检测员技能培训	道路工程检测	60人
3	工程测量实训室	自动安平水准仪、电子水准仪、5″全站仪、动态GPS等	主要承担高程测量、施工放样等实训；开展测量工技能鉴定	工程测量	60
4	道路材料实训室	洛杉矶磨耗机、勃氏透气仪、岩石分类回弹仪、落锤冲击试验机、冻融试验机、混凝土磨耗试验机、沥青混合料搅拌机、马歇尔自动击实仪、马歇尔试验仪、全自动沥青抽提仪、薄膜烘箱、沥青混合料材料性能试验系统等	主要承担水泥性能试验、集料性能试验、水泥混凝土性能试验、沥青三大指标试验、沥青混合料取样试验、沥青混合料性能试验等实训；开展试验工技能鉴定	道路建筑材料试验	60人

续上表

序号	名　称	主要设备配置	主 要 功 能	对应课程	容纳人数
5	土工实训室	CBR 值测定仪、平板载荷测试仪、电动直剪仪、便携式可变能量动力触探仪、土工合成材料蠕变试验仪、土工静三轴试验仪、数显液塑限联合测定仪等	主要承担 CBR 值测试、界限含水率试验、直接剪切试验、地基承载力测试、三轴试验、土工合成材料性能测试等实训	工程岩土	60 人
6	路桥园综合实训基地	典型公路工程构造物等	主要承担试验检测人员考核、桥梁结构检测、结构混凝土检测、基桩检测、隧道工程检测、结构展示等	工程检测实训等	180 人
7	江西省交通规划勘察设计院	电脑、专业软件等	开展勘察设计综合实训、师资培训、社会培训等	道路勘测设计	30 人
8	江西省交苑公路工程试验检测中心	电脑、试验数据处理软件等	开展试验检测综合实训、师资培训、社会培训等	工程检测实训等	30 人

2. 校外实训条件

在校外实训基地的建设中，依托学院合作发展理事会，积极寻求与国内外、区域内大型知名企业开展深层次、紧密型合作，建立与自己的办学规模相适应的稳定的校外实训基地，建立健全规章制度及基于职业标准的日常行为规范，充分满足本专业所有学生综合实践能力及半年以上顶岗实习的需要，发挥企业在人才培养中的作用，由企业提供场地、办公设备、项目和技术指导人员，企业技术人员与教师共同组织和带领学生完成真实项目设计与施工等，使学生能真正进入企业项目实践。目前，道路桥梁工程技术专业建有紧密合作的校外实训基地 13 家，如表 1-9 所示；与江西交通工程集团有限公司等单位合作共建了两个“厂中校”，如表 1-10 所示。

校外实训基地情况一览表　　表 1-9

序号	校外实训基地共建单位	主 要 功 能	容纳人数
1	江西省交通工程集团有限公司	公路施工、试验检测、勘测设计、工程监理等岗位顶岗实习； 专业调研、人才培养方案修订、课程标准制定等	150 人
2	江西省路桥工程总公司		60 人
3	江西省高速公路投资集团		60 人
4	江西省公路机械工程局		30 人
5	江西省交通设计研究院		50 人
6	江西省公路开发总公司		15 人
7	赣粤高速公路股份有限公司		15 人
8	江西省交通科学研究院		30 人
9	江西省公路工程试验检测中心		30 人
10	江西中煤建设集团有限公司		30 人
11	江西省交通工程咨询监理中心		50 人
12	天驰高速科技发展有限公司		30 人
13	江西省赣南公路勘察设计院		30 人

"厂中校"建设情况一览表　　表 1-10

序号	"厂中校"名称	共建单位	主要功能	容纳人数
1	交通工程档案教学培训中心	江西省交通运输工程档案馆	公路工程档案整理教学、顶岗实习、师资培训、社会培训等	25 人
2	路桥施工教学基地	江西省交通工程集团有限公司	公路工程施工教学、顶岗实习、师资培训等	150 人

二、专业人才培养实施规范

(一)课程教学标准

1. 公共基础课程教学标准

根据道路桥梁工程技术专业的素质目标和知识目标要求,其公共基础课程教学标准,如表 1-11所示。

公共基础课程教学标准　　表 1-11

课程 1	思想道德修养与法律基础("两课"基础)		
学期	第 1 学期	参考学时	64 学时
学习目标	1. 以马列主义、毛泽东思想和中国特色社会主义理论为指导,以世界观、人生观、价值观、道德教育为主线,综合运用相关学科知识,提升自身思想素养; 2. 依据大学生成长的基本规律,教育引导大学生能增强学习、学会与人交往,培养健康心理,树立正确恋爱观,适应由中学向大学的转变; 3. 增强道德的是非判断、自我约束和引导示范能力,提升人文与道德素养,营造学校文明、优雅的环境; 4. 激发学生对人生价值的思考,并把思想道德教育和法制教育紧密地结合在一起,策划成功的人生方案		
学习内容	1. 大学的适应(学习、人际交往、恋爱、心理健康); 2. 大学生的道德素养(公民基本道德素养、大学生的基本道德素养、职业道德素养); 3. 大学生的人生观(人生目的、人生态度、人生价值、人生理想与大学生成才); 4. 认知法律制度,自觉遵守法律(我国的宪法、实体法律制度、程序法律制度)		
课程 2	毛泽东思想和中国特色社会主义理论体系概论("两课"概论)		
学期	第 2 学期	参考学时	68 学时
学习目标	1. 以马列主义、毛泽东思想、邓小平理论和"三个代表"重要思想为指导,贯彻落实科学发展观; 2. 以马克思主义中国化理论为教育主线,综合运用相关学科知识,指导大学生运用马克思主义世界观和方法论去认识和分析问题,提升大学生的政治理论水平和判断是非的能力; 3. 帮助大学生认知国史、国情,深刻领会历史和人民是怎样选择了中国共产党,选择了社会主义道路; 4. 增强用真理的力量、逻辑的力量,科学地认识和分析复杂的社会现象的能力		
学习内容	1. 马克思主义中国化进程中的三大理论成果和十六大以来的最新理论成果及其精髓; 2. 毛泽东思想体系中两个特殊内容(新民主主义革命和中国社会主义改造理论和经验); 3. 建设中国特色社会主义理论(中国特色社会主义三个基本问题,中国特色社会主义的总体布局、祖国完全统一和外交政策,建设中国特色社会主义的依靠力量和领导力量)		

续上表

课程 3	体育		
学期	第 1、2 学期	参考学时	66 学时
学习目标	1. 通过合理的体育教学和科学的体育锻炼过程，使学生达到身心健康、不断提高体能的目的； 2. 使健康的身体成为知识、道德强有力的载体，并使学生认识到健康的身体是知识、道德的基础，人才成功的支柱； 3. 培养学生积极参与体育锻炼的良好习惯和终身体育锻炼思想； 4. 加强素质教育，发展学生个性，磨炼学生意志，增强学生竞争意识和适应能力		
学习内容	1. 学习体育运动基本理论知识，包括运动原则，科学锻炼身体的方法，运动损伤的处理，运动卫生常识等； 2. 使学生熟练掌握 1 ~ 2 项体育运动基本技术、基本战术和基本裁判知识； 3. 使学生掌握身体素质的基本练习方法，包括力量素质、速度素质、柔韧素质、耐力素质、灵敏素质		
课程 4	计算机应用基础		
学期	第 2 学期	参考学时	68 学时
学习目标	1. 了解计算机组成及各部分的作用，为选配计算机打下基础； 2. 培养学生熟练使用计算机，具有进行简单故障分析处理的能力； 3. 引导学生正确使用网络，让学生充分体验计算机网络在日常生活、工作等领域所起到的重要作用； 4. 能够熟练使用 Office 2010 办公软件进行排版、计算及演示文稿制作等操作		
学习内容	1. 了解计算机软硬件基础的知识，掌握计算机的系统组成； 2. 熟练掌握 Windows 7 操作系统的使用及配置； 3. 了解计算机网络的基础知识，掌握计算机网络（重点是互联网）的使用，让网络更好地服务于生活； 4. 掌握 Office 2010 办公软件中 Word、Excel 和 PowerPoint 的使用，能够进行文字排版、数据计算统计及演示文稿制作		
课程 5	大学英语		
学期	第 1、2 学期	参考学时	99 学时
学习目标	1. 能就日常话题和与未来职业相关的话题进行简单交谈； 2. 能填写和模拟套写常见的简短英语应用文； 3. 能基本读懂一般题材及与未来职业相关的浅易英文资料； 4. 能借助工具将与职业相关的一般性业务材料译成汉语		
学习内容	1. 巩固和规范英语基础知识，掌握、运用涉及日常生活中的衣食住行、通信、游览、购物、求职等话题的英语交流技能； 2. 通过听、说、读、写、译等方面的学习和基本训练，使学生掌握相关话题的英语语言知识。 3. 培养锻炼在实际工作岗位应用英语的能力及继续学习的能力		
课程 6	土建数学		
学期	第 1、2 学期	参考学时	102 学时
学习目标	1. 掌握与土建工程相关的数学基本概念、基本运算和基本方法； 2. 能应用所学的数学知识分析并解决生活和工程实际中的问题； 3. 为学习后续课程提供必要的数学工具； 4. 为学生的可持续发展奠定良好的基础		

续上表

课程6	土建数学		
学期	第1、2学期	参考学时	102学时
学习内容	1. 学习函数的相关概念和极限的基本计算； 2. 学习导数的相关概念和基本计算，并学习导数的相关性质； 3. 学习函数的微分，可以利用微分进行近似计算； 4. 学习不定积分及定积分的相关概念，熟练掌握基本公式以及换元积分法和分部积分法，会用微元法将实际工程问题表示成定积分； 5. 学习会用定积分的微元法求工程结构截面几何性质； 6. 学习行列式、矩阵、线性方程组的基本概念、计算及应用； 7. 学习随机事件的关系与运算、概率及基本性质、古典概型及其简单计算，并学习随机变量及其分布、数字特征； 8. 学习工程测量误差理论基础知识； 9. 学习数理统计基础及应用； 10. 学习内插法、图乘法等土建工程中常用计算方法		
课程7	应用文写作		
学期	第8学期	参考学时	24学时
学习目标	1. 具备一定的应用文写作能力； 2. 具备写作处理日常公务的应用文的能力； 3. 具备正确使用交际语言、提高人际交往的能力		
学习内容	1. 学习应用文写作的基础知识； 2. 学习日常工作计划、总结、调查报告的含义、特点、分类及结构要素； 3. 学习土木工程类专业文书的特点和结构要素； 4. 学习口语交际的特点和基本要素； 5. 学习求职上岗应知应会应用文的写作		
课程8	就业指导		
学期	第8学期	参考学时	12学时
学习目标	1. 了解自己的专业，知道自己的专业所对应的职业类别和工作岗位； 2. 能够客观地分析自己，找准符合个人实际的就业目标，会做职业生涯规划设计； 3. 了解国家就业政策和学院就业管理规定； 4. 能通过各种途径收集自己所需要的企业信息，及时获取就业信息； 5. 能够制作彰显个人特点的简历； 6. 掌握面试的技巧和方法，了解如何提升个人素质和综合能力		
学习内容	1. 专业介绍、职业生涯规划理论； 2. 就业政策、相关法律法规、如何获取就业信息； 3. 提升就业能力的方法和途径、面试的方法和技巧； 4. 与人沟通交流的技巧，迅速融入企业文化的途径		

2. 专业基础学习领域教学标准

依据道路桥梁工程技术专业的知识目标和能力目标，其专业基础学习领域教学标准如表1-12所示。

专业基础学习领域教学标准 表 1-12

<table>
<tr><td>学习领域 1</td><td colspan="3">工程测量</td></tr>
<tr><td>学期</td><td>第 1 学期</td><td>参考学时</td><td>64 学时</td></tr>
<tr><td>职业能力要求</td><td colspan="3">1. 能熟练进行高程测量的路线布设及外业测量和内业计算；
2. 能熟练进行平面测量的路线布设及外业测量和内业计算；
3. 能熟练进行大比例尺地形图测绘的数据采集和绘制成图；
4. 能熟练进行道路工程测量的外业测量和内业计算</td></tr>
<tr><td>学习目标</td><td colspan="3">1. 能正确使用测绘仪器，进行“角度、距离、坐标、放样”的基本测量操作；
2. 能对常规仪器进行检验、校正；
3. 能掌握道路工程测量等的原理及施测方法；
4. 能正确对道路工程测量等的数据进行分析和平差计算</td></tr>
<tr><td>学习内容</td><td colspan="3">学习情境 1：认识测量学
学习情境 2：高程测量
学习情境 3：平面测量
学习情境 4：大比例尺地形图测绘
学习情境 5：道路工程测量</td></tr>
<tr><td>学习领域 2</td><td colspan="3">工程力学</td></tr>
<tr><td>学期</td><td>第 1 学期</td><td>参考学时</td><td>64 学时</td></tr>
<tr><td>职业能力要求</td><td colspan="3">1. 能够对静定结构进行受力分析；
2. 能够灵活利用力系平衡条件；
3. 能够灵活运用强度、刚度、稳定性理论分析柱、梁等结构；
4. 能够熟练操作力学试验仪器；
5. 能够运用所学力学知识，解决与力学相关的工程问题；
6. 能够说明梁、刚架、拱、桁架结构的受力特点；
7. 能够绘制出梁、刚架、拱、桁架内力图</td></tr>
<tr><td>学习目标</td><td colspan="3">1. 掌握结构计算简化与物体受力分析；
2. 掌握静定结构的支座反力计算方法；
3. 掌握轴向拉压杆的强度计算；
4. 掌握梁的弯曲内力与强度计算；
5. 熟悉连接件与圆轴的强度问题分析；
6. 熟悉组合变形构件的强度分析；
7. 熟悉细长压杆的稳定性分析；
8. 掌握典型静定结构的受力分析；
9. 熟悉移动荷载作用下结构的内力分析</td></tr>
<tr><td>学习内容</td><td colspan="3">学习情境 1：结构计算简图与物体受力分析
学习情境 2：静定结构的支座反力计算
学习情境 3：轴向拉压杆的强度计算
学习情境 4：梁的弯曲内力与强度计算
学习情境 5：连接件与圆轴的强度问题分析
学习情境 6：组合变形构件的强度分析
学习情境 7：细长压杆的稳定性分析
学习情境 8：典型静定结构的受力分析
学习情境 9：移动荷载作用下结构的内力分析</td></tr>
</table>

续上表

学习领域3	工程制图与CAD		
学期	第1、2学期	参考学时	115学时
职业能力要求	1. 会运用道路工程制图国家标准； 2. 能阐述投影的基本理论和作图方法，能根据需要画出相应图样； 3. 能运用作图方法解决空间度量问题和定位问题； 4. 能使用绘图工具画出符合制图标准的工程图； 5. 能用计算机绘制简单的道路施工图； 6. 能识读路桥工程图		
学习目标	1. 熟悉道路工程制图国家标准； 2. 掌握绘制和识读工程图样的相关理论知识和技能； 3. 掌握计算机绘图的方法与技巧，应用CAD软件绘制简单的工程图样		
学习内容	学习情境1：制图基础知识认知 学习情境2：画法几何入门 学习情境3：道路工程图识读 学习情境4：AutoCAD软件应用		
学习领域4	工程岩土		
学期	第2学期	参考学时	85学时
职业能力要求	1. 能辨别常见的岩土，并熟悉其主要工程性质； 2. 能完成常规岩土试验，测定岩土指标； 3. 能评定地基沉降、地基承载力等参数； 4. 能辨认基本的地质构造、地形地貌等的类型； 5. 能判别水文地质条件、不良地质现象等对工程的影响； 6. 能进行道路工程地质勘测和野外记录； 7. 能识读工程地质图		
学习目标	1. 熟悉常见矿物与岩土的类型； 2. 掌握岩土主要指标的测定方法； 3. 熟悉土中应力、地基沉降、地基承载力及土压力等的计算方法； 4. 熟悉地形地貌、地质构造、水文地质等的类型； 5. 掌握滑坡、崩塌、泥石流等不良地质现象的特征； 6. 掌握道路工程地质勘测报告的基本内容		
学习内容	学习情境1：矿物与岩土识别 学习情境2：工程岩土评价 学习情境3：工程岩土外业勘察 学习情境4：工程岩土勘察报告识读		
学习领域5	道路建筑材料试验		
学期	第4学期	参考学时	90学时
职业能力要求	1. 能根据工程所处的环境及工程的特点，合理选择各种建筑材料； 2. 能识别各类建筑材料的品种、规格； 3. 能正确使用试验检测仪器和设备，规范地进行常用原材料的试验与检测； 4. 能正确地进行试验检测数据的分析与处理； 5. 能对照规范标准，对所检测材料做出正确的结论； 6. 能进行建筑砂浆、无机稳定土、道路混凝土、沥青混合料的配制、调整与检测； 7. 能规范使用和操作以上原材料、复合材料检测中所需的各类设备		

续上表

学习领域5	道路建筑材料试验		
学期	第4学期	参考学时	90学时
学习目标	1. 熟悉常用道路建筑材料的来源、分类、质量要求及基本性质； 2. 掌握道路建筑材料的技术性能及检测评定方法； 3. 熟悉复合材料的组成结构及强度理论； 4. 掌握各种材料的工程应用； 5. 了解新型材料的发展方向，及时跟踪新材料、新技术、新工艺		
学习内容	学习情境1：砂石材料选用与试验 学习情境2：石灰、水泥选用与试验 学习情境3：建筑钢材选用与试验 学习情境4：沥青材料选用与试验 学习情境5：建筑砂浆选用与试验 学习情境6：无机结合料稳定材料选用与试验 学习情境7：水泥混凝土选用与试验 学习情境8：沥青混合料选用与试验 学习情境9：土工合成材料选用与试验		

3. 专业核心学习领域教学标准

依据道路桥梁工程技术专业的培养目标和主要就业岗位的要求，其专业核心学习领域教学标准如表1-13所示。

专业核心学习领域教学标准　　表1-13

学习领域1	路基工程施工		
学期	第4学期	参考学时	72学时
职业能力要求	1. 能识读并审核路基施工图，编制路基开工报告； 2. 能确定路基施工质量控制指标，并能进行路基施工放样； 3. 能根据具体工程编制路基土石方实施性施工组织设计； 4. 能初步根据路基施工技术规范，对路基土石方、排水、防护工程、特殊地基处治施工的每道工序，进行质量检查和控制； 5. 能完成工程资料整理与归档		
学习目标	1. 熟悉路基施工中各个阶段的主要施工工艺流程； 2. 掌握各种施工方法的主要特点； 3. 熟悉各个施工过程中的要点，并进行质量控制； 4. 掌握常用的路基工程施工计算； 5. 熟悉路基工程的整修与交工验收		
学习内容	学习情境1：一般路基施工 学习情境2：特殊路基施工 学习情境3：路基排水工程施工 学习情境4：路基防护工程施工		

续上表

学习领域2	路面工程施工		
学期	第5学期	参考学时	64学时
职业能力要求	1. 能运用公路施工的基本认识分析施工现场照片； 2. 能运用并分析各项施工技术，并根据不同的施工环境确定最佳的施工方法； 3. 能正确判断各类机械的性能，并能合理配置机械； 4. 能将各项施工技术灵活运用到路面工程的各分项工程中； 5. 能够运用公路施工的基本知识，解决工程中相关的技术问题		
学习目标	1. 熟悉公路沥青路面、水泥混凝土路面结构； 2. 熟悉各种施工方法的主要特点，并进行选择； 3. 熟悉路面工程施工中各个阶段的主要施工工艺流程； 4. 掌握常用的施工计算，确定施工过程中需要的各种数据； 5. 掌握各个施工过程中的要点并进行质量控制		
学习内容	学习情境1：路面设计与识图 学习情境2：路面施工准备 学习情境3：基层和垫层施工 学习情境4：沥青路面施工 学习情境5：水泥混凝土路面施工		
学习领域3	桥涵工程施工		
学期	第4、5学期	参考学时	170学时
职业能力要求	1. 能根据施工设计图，进行图纸复核和工程量核算； 2. 能根据施工设计图，进行材料的准备与检验； 3. 能进行施工前的准备和施工方案的拟订； 4. 能进行施工前的桥位控制测量； 5. 能有组织地完成桥梁的施工和管理； 6. 能处理桥梁施工中的关键技术，能对施工事故提出处理方案； 7. 能填写施工中的相关资料		
学习目标	1. 熟悉桥涵工程施工现场准备内容，掌握其施工测量放样； 2. 识读桥梁及涵洞的施工图，会对混凝土、钢筋、模板、支架、拱架等进行合理选用和装卸； 3. 识读桥涵基础及涵洞的施工图，会进行桥梁基础的施工； 4. 识读桥梁墩台的施工图，会进行桥梁墩台的施工； 5. 识读涵洞施工图，会进行涵洞施工； 6. 识读梁桥的构造和施工图，会进行梁桥和刚架桥的施工； 7. 识读钢筋混凝土拱桥的构造和施工设计图，会进行钢筋混凝土拱桥的施工； 8. 识读桥面系及附属工程的构造和施工设计图，会进行桥面系及附属工程的施工		
学习内容	学习情境1：桥涵施工准备 学习情境2：桥涵基础施工 学习情境3：桥梁墩台施工 学习情境4：涵洞施工 学习情境5：梁桥施工 学习情境6：拱桥施工 学习情境7：桥面系及附属工程施工 学习情境8：其他体系桥梁施工		

续上表

学习领域4	道路工程检测		
学期	第5学期	参考学时	60学时
职业能力要求	1. 能正确使用试验检测仪器和设备,规范地对路基工程、路面工程进行试验与检测; 2. 能对照《公路工程质量检验评定标准》,对所检测公路工程项目做出正确的结论; 3. 能合理选择仪器,正确使用路基工程、路面工程检测中所需的各类设备; 4. 能对试验检测仪器进行日常养护,对一般的仪器进行检验和校正		
学习目标	1. 熟悉计量法常识及国际单位制的基本内容; 2. 熟练使用常用检测仪器,采集各种试验检测数据; 3. 熟悉公路工程质量评定方法,对公路工程质量进行评价; 4. 根据分析公路工程质量缺陷产生的原因,提出改善措施; 5. 了解公路工程质量检测的发展方向,及时跟踪新材料、新工艺、新技术		
学习内容	学习情境1:路基土石方工程质量检测与评定 学习情境2:排水工程质量检测与评定 学习情境3:砌筑防护工程质量检测与评定 学习情境4:路面基层和底基层质量检测与评定 学习情境5:水泥混凝土面层质量检测与评定 学习情境6:沥青混凝土面层质量检测与评定 学习情境7:新建公路工程质量评定与验收 学习情境8:在用公路技术状况检测与评定		
学习领域5	桥梁现场检测		
学期	第5学期	参考学时	80学时
职业能力要求	1. 能熟悉现场检测桥梁工程质量的检测原理及检测方法; 2. 能正确使用检测仪器设备对桥梁工程进行现场质量检测; 3. 能根据检测数据,正确评定桥梁工程质量,出具检测报告		
学习目标	1. 掌握动力触探法确定地基承载力; 2. 掌握标准贯入试验确定地基承载力; 3. 熟悉承载板试验确定地基承载力; 4. 熟悉反射波法检测预制桩的完整性; 5. 掌握声波透射法检测灌注桩的完整性; 6. 熟悉堆载法测试基桩的竖向抗压承载力; 7. 掌握回弹仪的现场测试技术; 8. 掌握超声仪检测混凝土各种缺陷的方法; 9. 熟悉应变测点、挠度测点、支座沉陷测点布置,会贴应变片; 10. 熟悉梁板试验的各种加载实施方案; 11. 熟悉动静态应变测试分析系统的技术状况及性能		
学习内容	学习情境1:地基检测 学习情境2:基桩检测 学习情境3:墩柱检测 学习情境4:梁板检测 学习情境5:全桥检测		

4. 专业拓展学习领域教学标准

依据道路桥梁工程技术专业的培养目标和岗位拓展需求,其专业拓展学习领域教学标准如表1-14所示。

专业拓展学习领域教学标准 表1-14

学习领域1	公路勘测设计		
学期	第4学期	学时	72学时
职业能力要求	1. 能够识读实际工程公路施工图纸中公路平面设计成果； 2. 能够识读实际工程公路施工图纸中公路纵断面设计成果； 3. 能够识读实际工程公路施工图纸中公路横断面设计成果； 4. 能根据施工图纸进行公路中线施工放样、高程控制测量和路基横断面放样工作； 5. 能知道公路外业勘测各作业组的工作任务，参加公路外业勘测工作； 6. 知道公路勘测设计程序，了解公路初步设计、施工图设计文件的组成和要求		
学习目标	1. 熟悉道路工程、道路勘测专业术语； 2. 熟悉道路分级、道路设计原则和依据； 3. 熟悉不同设计阶段的工作内容及道路设计文件的组成与内容； 4. 掌握道路设计图纸绘制及平面、纵断面、横断面的相关计算； 5. 掌握路基土石方工程数量计算与调配		
学习内容	学习情境1：公路勘测设计的认知 学习情境2：路线平面设计 学习情境3：路线纵断面设计 学习情境4：路基横断面设计 学习情境5：路线交叉认知 学习情境6：公路选线 学习情境7：公路定线与放线 学习情境8：公路外业勘测 学习情境9：公路路线CAD应用		
学习领域2	机械化施工		
学期	第4学期	学时	54学时
职业能力要求	1. 能够根据作业类型选择适用的施工作业方法； 2. 能进行施工机械的合理选用和配备； 3. 能够根据作业进行机械化施工前的准备工作，机械化施工的计划与组织		
学习目标	1. 了解工程机械的基础知识； 2. 了解土方工程机械的工作原理、分类、构造，掌握其施工作业特点； 3. 了解石方工程机械的工作原理、分类、构造，掌握其施工作业特点； 4. 了解压实机械的工作原理、分类、构造，掌握其施工作业特点； 5. 了解半刚性基层材料拌和机械的基础知识； 6. 掌握沥青路面施工机械的基础知识； 7. 掌握水泥混凝土路面施工机械的基础知识； 8. 掌握沥青路面机械化施工、水泥混凝土路面机械化施工的基础知识； 9. 掌握桥梁工程机械的基础知识		
学习内容	学习情境1：工程机械认知 学习情境2：土方机械施工 学习情境3：石方机械施工 学习情境4：压实机械施工 学习情境5：路面机械施工 学习情境6：桥梁机械施工		

续上表

学习领域3	公路沿线设施施工		
学期	第4学期	学时	54学时
职业能力要求	1. 能完成公路交通标志、交通标线、安全护栏、隔离设施等公路沿线设施施工； 2. 能辅助相关技术人员对机电工程相关项目进行施工		
学习目标	1. 熟悉公路交通工程及沿线设施的基本概念、设置方法及其适用范围； 2. 掌握各种公路交通工程及沿线设施的施工流程		
学习内容	学习情境1：交通工程及沿线设施认知 学习情境2：交通安全与管理设施施工 学习情境3：机电系统施工 学习情境4：服务设施及房屋建筑施工 学习情境5：公路交通环境污染及防治		
学习领域4	隧道工程施工		
学期	第5学期	学时	48学时
职业能力要求	1. 能识读并审核隧道施工图，编制隧道开工报告； 2. 能确定隧道施工质量控制指标，并能进行隧道施工放样； 3. 能根据具体工程编制隧道工程实施性施工组织设计； 4. 能初步根据隧道施工技术规范对隧道开挖、出渣、支护、衬砌等施工的每道工序进行质量检查和控制； 5. 能现场进行验收，并能完成资料整理与归档		
学习目标	1. 熟悉隧道施工中各个阶段的主要施工工艺流程； 2. 掌握各种施工方法的主要特点并能合理地进行选择； 3. 熟悉各个施工过程中的要点并进行质量控制； 4. 掌握常用的隧道工程施工计算； 5. 了解隧道工程的交工验收		
学习内容	学习情境1：隧道施工前期准备 学习情境2：一般地质隧道施工 学习情境3：特殊地段隧道处理 学习情境4：超长隧道施工		
学习领域5	公路沿线设施检测		
学期	第5学期	学时	48学时
职业能力要求	1. 能根据规范对交通标志、交通标线、安全护栏、隔离设施的施工质量进行评定； 2. 能辅助相关技术人员对机电工程相关项目进行检验检测工作		
学习目标	1. 熟悉交通安全设施产品的检测方法与评定； 2. 掌握道路交通标线的技术要求与检测方法； 3. 掌握路面标线涂料的技术要求和检测方法； 4. 掌握安全护栏的技术指标与检测方法； 5. 了解机电系统的技术指标与检测方法		

续上表

学习领域 5	公路沿线设施检测		
学期	第 5 学期	学时	48 学时
学习内容	学习情境 1:护栏质量检测 学习情境 2:交通标志质量检测 学习情境 3:交通标线质量检测 学习情境 4:视线诱导设施质量检测 学习情境 5:隔离设施质量检测 学习情境 6:防眩设施质量检测 学习情境 7:机电设施质量检测		
学习领域 6	隧道工程检测		
学期	第 8 学期	学时	36 学时
职业能力要求	1. 能熟悉隧道施工过程中每道工序的质量控制要点; 2. 能编制隧道工程检测方案; 3. 能独立操作收敛计等检测仪器,进行数据采集,并对检测数据进行分析整理		
学习目标	1. 掌握注浆材料性能试验和注浆效果检查; 2. 掌握激光断面仪对超欠挖情况进行测定; 3. 掌握锚杆加工质量与安装尺寸检测; 4. 熟悉喷射混凝土质量检测、锚杆拉拔力测试; 5. 熟悉回弹法、超声波法、超声回弹综合法检测混凝土强度; 6. 熟悉地质雷达法探测二次衬砌质量; 7. 能借助各种检测方法分辨常见地质灾害		
学习内容	学习情境 1:超前支护施工质量检测 学习情境 2:隧道开挖施工监控与检测 学习情境 3:初期支护施工质量检测 学习情境 4:防排水材料施工质量检测 学习情境 5:混凝土衬砌施工质量检测		
学习领域 7	工程招投标与工程造价		
学期	第 8 学期	学时	60 学时
职业能力要求	1. 能根据法律、法规等的要求编制相关文书; 2. 能根据法律、法规等的要求组织投标预备会、开标会议、评标会议; 3. 能根据法律、法规等的要求处理招投标活动中的程序性事物		
学习目标	1. 熟悉公路工程招投标程序及相关文书; 2. 熟悉公路工程设计概算文件的编制; 3. 掌握公路工程投标报价及投标文件编制; 4. 掌握工程费用结算,熟悉竣工决算报告编制; 5. 掌握公路工程造价软件,并编制各类公路工程造价文件		
学习内容	学习情境 1:公路工程造价认知 学习情境 2:工程项目划分与工程量复核 学习情境 3:公路工程定额套用 学习情境 4:公路工程预算单价确定 学习情境 5:公路工程概预算文件编制 学习情境 6:公路工程施工招标投标 学习情境 7:公路工程造价软件应用		

续上表

学习领域8	工程监理		
学期	第8学期	学时	48学时
职业能力要求	1. 能够熟练选择并运用各种方法进行进度控制、质量控制等; 2. 能在公路工程施工阶段进行工程计量、清单支付、合同支付等各项费用监理; 3. 会进行公路工程施工安全监理、环境保护监理等; 4. 会进行公路工程施工合同管理、信息管理、组织协调等		
学习目标	1. 掌握公路工程施工进度计划的编制、审批及控制; 2. 掌握公路工程各个施工阶段质量监理的内容与方法; 3. 掌握公路工程施工费用监理中的工程计量、清单支付、合同支付等; 4. 熟悉公路工程施工安全监理的内容与方法; 5. 熟悉公路工程施工环境保护监理的内容与方法; 6. 熟悉公路工程施工合同管理、信息管理、组织协调等的内容与方法		
学习内容	学习情境1:公路工程施工监理入门 学习情境2:公路工程施工进度监理 学习情境3:公路工程施工质量监理 学习情境4:公路工程施工费用监理 学习情境5:公路工程施工安全监理 学习情境6:公路工程施工环境保护监理 学习情境7:公路工程施工合同管理 学习情境8:公路工程施工信息管理 学习情境9:公路工程施工组织协调		
学习领域9	公路工程资料管理		
学期	第8学期	学时	48学时
职业能力要求	1. 能掌握工程资料的收集方法、内容及组卷要求; 2. 能明确在项目实施的不同阶段的资料搜集、整理内容及组卷原则		
学习目标	1. 熟悉公路工程资料组成及收集要求; 2. 熟悉公路工程综合管理文件、财务资料、监理等资料整理; 3. 掌握公路工程施工、评定及竣工验收等资料整理		
学习内容	学习情境1:公路工程资料管理认知 学习情境2:公路工程综合文件管理 学习情境3:竣工决算与审计文件资料管理 学习情境4:公路工程施工资料管理 学习情境5:公路工程监理资料管理		
学习领域10	公路养护与管理		
学期	第8学期	学时	36学时
职业能力要求	1. 熟悉各种公路病害的外部特征、定义、严重程度的识别、判断和检查; 2. 熟悉各种公路病害产生的原因和可能造成的后果; 3. 掌握各种公路病害目前一般的处理方案和工艺措施; 4. 掌握公路养护的相关法律、法规和技术规范		

续上表

学习领域10	公路养护与管理		
学期	第8学期	学时	36学时
学习目标	1.能够进行公路病害调查，确定病害类型和严重程度； 2.能够根据公路病害调查结果，分析病害产生的原因及可能造成的后果； 3.能够针对不同的公路病害，提出技术合理、经济可行的养护维修方案； 4.能够对路基、路面和沿线设施的中修、大修及改建工程，提出技术合理、经济可行的养护维修方案		
学习内容	学习情境1：路基养护 学习情境2：路面养护 学习情境3：桥梁涵洞养护 学习情境4：公路隧道养护 学习情境5：公路防洪、防冰和防雪 学习情境6：交通工程及沿线设施养护 学习情境7：高速公路养护管理		

5. 实践学习领域教学标准

实践环节是培养学生专业技能、操作能力的重要环节，对生产实习和毕业顶岗应规范管理。本专业的实践学习领域教学标准如表1-15所示。

实践学习领域教学标准 表1-15

学习领域1	毕业顶岗实习		
学期	第9学期	学时	570学时
职业能力要求	通过毕业顶岗实习，使学生加深对专业理论知识的理解，培养和提高学生实际操作和分析问题、解决问题的能力，使学生综合运用所学理论知识与公路工程施工管理实践紧密结合，为毕业后从事施工技术管理等工作打下良好的基础		
学习目标	1.在实习过程中，认知设计或施工等企业的工作流程和各岗位的职责任务，提高岗位的适应能力，学会以各种方式学习，使综合素质有明显进步。 2.将施工等专业知识和相关政策法规结合，运用到相应的实践岗位，提高观察问题、发现问题、分析问题、解决问题的能力，提高专业水平。 3.在规范有序的实际工作中，养成努力钻研、吃苦耐劳的精神		
学习内容	1.掌握各种公路工程构造物的种类、功能、构造及组成等，能进行现场读图和勘误； 2.掌握各种公路工程构造物的施工方法、施工测量、施工组织、场地布置、安全生产、施工设备、材料试验及施工管理，并能编制相关方案或作业指导书等文件； 3.熟悉新技术、新工艺、新方法，特别是技术管理、技术员的工作职责、技术文件的分类及整理等		

（二）教学组织

贯彻"合作办学、合作育人、合作发展"的理念，按照"依托行业、对接产业、定位职业、服务社会"的专业建设思路，以行动导向实施课程教学，形成以教师为主导、学生为主体、学做合一、理实一体、工学结合的教学模式。始终要重视学生在校学习与实际工作的一致性，采取工学交替、任务驱动、项目导向的一体化教学模式，运用任务驱动法、项目导向法、情境教学法、案例分析法、现场教学法、课堂讨论法等教学方法进行教学，立足于加强学生实际操作能力的培养。

核心课程建议采用“任务驱动、项目导向”教学法，通过典型的工作任务或项目，由教师提出要求或示范，组织学生进行活动，注重“教”与“学”的互动，让学生在活动中增强爱岗敬业、团结协作的意识，实现技能与素质的同步提高。实施“教、学、做”一体化教学，提高学生的学习兴趣，有效培养学生的职业能力；教师可着重进行引导并实施监督和评价。实践课程要加强引导、示范，创设工作情境，让学生亲自动手，提高学生岗位适应能力和分析处理问题的能力。

在教学过程中，要充分借鉴多媒体、教学资源库、网络资源等教学资源辅助教学，帮助学生理解所学知识。重视本专业领域新技术、新工艺、新设备的发展趋势，充分利用校外实训基地，校企合作、工学结合，积极引导学生提升职业素养和职业道德。紧密结合职业技能证书的考核，加强取证项目的训练。

（三）考核评价

吸纳用人单位专家参与教学质量评价，建立以能力为核心、以过程为重点的学习绩效考核评价体系。针对不同类型的课程采用不同的考核方法。对公共基础课程，建议采取理论考核的方法；对于专业学习领域，建议采取过程考核与综合考核相结合的方式；对于独立实践环节，尽量采用实操考核、过程考核的方法。具体原则如下：

1. 公共基础课程

总评成绩 = 平时成绩（考勤、提问、作业等）×40% + 期终考核 ×60% 。

2. 专业学习领域

采取过程考核与综合考核相结合的评价方式，同时根据学生取得相应工种的职业资格证书的情况，综合评价学生成绩。其中，过程考核包括学习态度、课程作业等，占课程总成绩的 40%；综合考核包括期末考试、实践考核等，占课程总成绩的 60%。如学生取得工程测量、道路建筑材料试验等课程相应的测量工（四级）、试验检测员（材料）等职业资格证书，则该门课程考核为合格。

3. 实践学习领域

以工作态度、实际操作和实习报告等情况综合评定学生成绩，其中工作态度、实际操作等占 80%（在企业完成的项目由企业指导教师评定），实习报告占 20%。

三、专业人才培养实施流程

以校企合作工作委员会为平台，道路桥梁工程技术专业探索并实践了“系企合一、产学一体”的人才培养模式，如图 1-1 所示。

“系企合一”是指以系部为主体成立的江西省交苑公路工程试验检测中心、江西省交通规划勘察设计院两个产教实体为纽带，紧密联系江西交通工程集团有限公司等大中型合作企业，建立深度融合的校企合作平台，引入施工员、试验检测员等岗位任职标准，校企共同修订人才培养方案，共育公路建设高素质技术技能人才。“产学一体”是指将真实的生产项目引入到课程教学中，根据生产项目进度动态组织教学，将专业学习融入项目实施中，在生产中提高学生的知识与技能，实现产学一体化。

为实施该人才培养模式，创新了“一年三学期”教学组织模式，如图 1-2 所示。

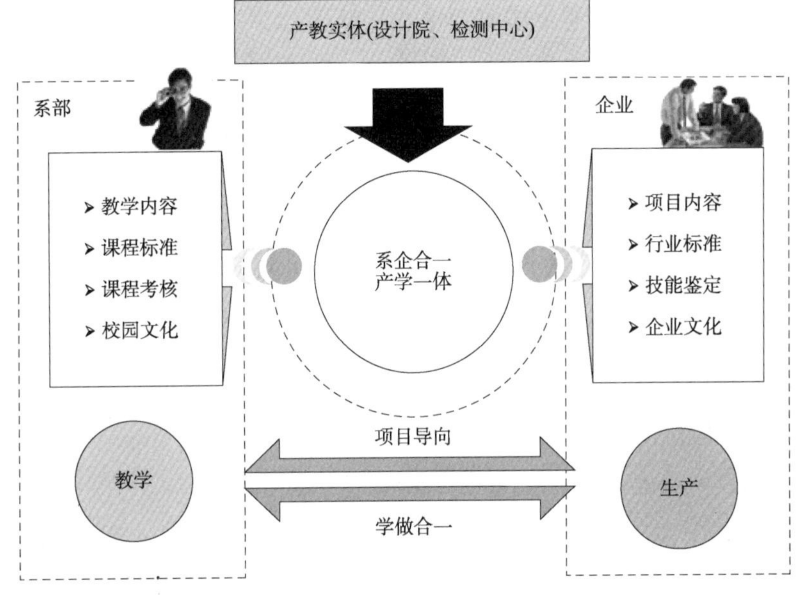

图 1-1 “系企合一、产学一体”人才培养模式

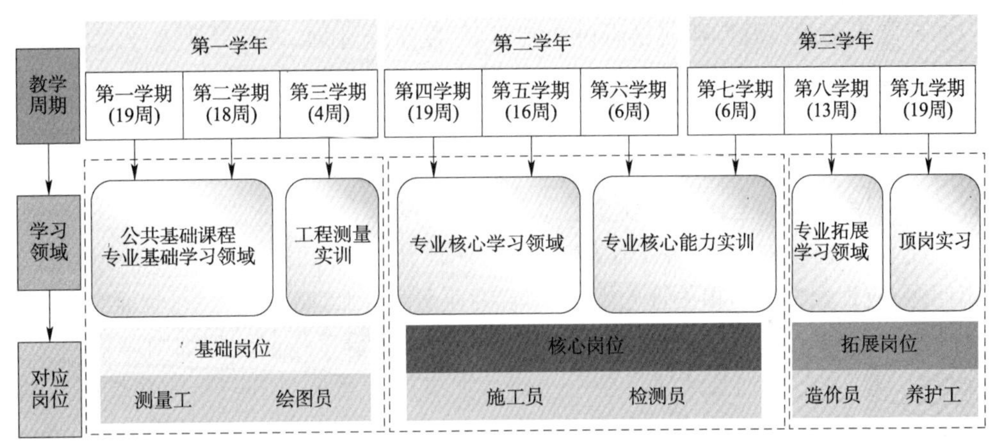

图 1-2 “一年三学期”教学组织模式

第一阶段主要完成公共基础课程、专业基础学习领域及工程测量实训。其中,第一、二学期重点培养学生的专业基础能力,主要开设“两课”以及土建数学、大学英语、体育、工程测量、工程制图与 CAD 等课程,安排军事训练及入学教育 2 周。在工程测量课程考核中,以取得人力资源与社会保障厅颁发的中级测量工证书作为合格的依据,实施“以证代考”。第三学期逢路桥建设旺季,安排教师与学生参与学院设计院的实际勘测项目,项目间歇时,在校内路桥园综合实训基地进行测量模拟实训项目,根据生产项目情况灵活实施工程测量实训。

第二阶段主要完成专业核心学习领域及专业核心能力实训。其中,第四、五学期重点培养学生施工与管理及工程质量检测等专业核心能力,主要开设路基、路面、桥涵施工及检测等专业核心课程。路基工程施工、路面工程施工、桥涵工程施工三门课程依托“路桥施工教学基地”,以在建公路工程项目为载体,建立工地流动课堂,以企业兼职教师为主体进行教学,实现学习过程与生产过程对接;道路工程检测、桥梁现场检测两门课程依托“江西省交苑公路工程试验检测中心”承接的检测项目;公路勘测设计课程依托“江西省交通规划勘察设计院”承接的勘测项目，推行项目导向教学模式。第六、七学期逢路桥建设旺季，安排教师与学生参与学院检测中心及合作企业的生产项目，项目间歇时，在校内路桥园综合实训基地进行检测及施工模拟实训项目，根据生产项目情况，灵活调整路桥工程施工及工程质量检测专业核心能力实训的顺序。经过岗位技能训练，学生获取施工员及试验检测员职业资格证书的比例将显著提高。

第三阶段主要完成专业拓展学习领域及顶岗实习。其中，第八学期在学院拓展公路工程造价、监理、养护等专业能力，开设课程主要有工程招投标与工程造价、工程监理、公路养护与管理等。第九学期到企业顶岗实习，学生在企业教师指导下完成岗位能力训练，学习企业文化、企业管理制度，校企共同对实习情况进行鉴定、考核、评价。

四、专业人才培养实施保障

（一）专业人才培养实施的组织保障

在学院合作发展理事会的指导下，由系牵头，组建由学院专业带头人、骨干教师、知名校友、学生代表以及公路建设行业企业专家共同参与的“路桥工程系校企合作工作委员会”，下设办公室、专业建设工作部和社会服务部。校企合作制订“路桥工程系校企合作工作委员会规程”，每年定期组织召开专业建设研讨会，制订年度工作计划，进行专业人才需求调研，专业人才培养方案修订研讨，课程开发、课程建设和实训基地建设等。

（二）专业人才培养实施的制度保障

1. 校企合作、工学结合运行机制

为了使专业建设和技术服务工作能顺利、有序地开展，并切实解决学生安全、学生待遇等突出问题，应根据学院的相关管理规定，结合专业实际，制订路桥工程系《校企合作工作委员会工作细则》《校企合作工作委员会例会制度》《专业建设工作部管理细则》《社会服务部管理细则》《校外实习实训基地建设校企共建共管细则》《教师培训与企业锻炼实施细则》《企业兼职教师聘用、管理与考核管理细则》《教学组织方案调整细则》等工学结合相关制度。

2. 专业教学运行管理机制

为了保障理论与实践教学的顺利实施与运行以及专业教学的运行管理，依据学院统一制订的《教学管理基本规程》《课程建设指导意见》《关于教学建设的若干规定》《实践教学工作条例》《学生学业成绩考核管理规定》《学生管理规定》《学生考试违纪和作弊认定处理办法》等教学管理制度严格执行。

为了确保实践教学的顺利进行，建立与完善校内实训室和校外实训基地相关的管理制度，如《校内实训基地管理制度》《校外实训基地运行管理制度》《实训室工作人员管理制度》《实训室及设备管理制度》《仪器操作规程》等，保证校内、外实训条件的优势资源在教学过程中得到充分利用。

3. 顶岗实习制度

顶岗实习作为工学结合人才培养模式的重要组成部分，相对于校内教学组织而言，更需规范和管理。根据学院《顶岗实习管理办法》和有关管理规定，制订本专业相关的实施细则，学生在实习过程中,应该按要求提交一系列学生顶岗实习的作业文件,包括:《学生顶岗实习协议书》《学生自主联系顶岗实习申请表》《顶岗实习考核表》《顶岗实习辅导员联系学生情况登记表》《顶岗实习手册》《顶岗实习总结》《顶岗实习鉴定表》以及毕业设计(毕业论文、专业报告)等材料,以这些作业文件内容指导顶岗实习全过程,使顶岗实习教学环节有计划、有组织、有考核、有落实。

4. 其他配套制度

为了全面持续地提高教学质量,要定期进行专业和人才市场调研,不断调整人才培养方案和课程体系,不断更新教学内容,并将师资队伍建设作为长期的工作重点,制订师资定期定聘计划、专业师资规划、人才引进规划及管理办法、兼职教师队伍建设及管理制度、专业课程建设规划,同时,制订重点教学项目奖励办法、科技成果奖励办法等,激励教师参与专业建设和教研、科研等工作。

(三)专业教学运行过程质量保障

1. 教学质量监控与评价主体

按学院的管理要要求,构建和完善由教务、督导、路桥工程系、教研室、校企合作工作委员会和学生教学信息员六大部分构成的教学质量监控与评价主体。其中,教务处和路桥工程系是教学质量监控与评价主体,督导室是教学过程日常巡视监控与评价主体,校企合作工作委员会是专业人才培养目标与规格监控主体,学生教学信息员是教学效果反馈主体。

2. 教学质量标准体系

校企合作积极探索职业岗位要求与专业人才培养方案有机结合的途径与方式,充分发挥由行业专家参与的校企合作工作委员会专业建设工作部的作用,制订人才培养方案,建立实践教学环节的质量标准体系。一是要建立教师教学标准;二是在专业调研的基础上,校企合作共同制订专业课程标准。

3. 教学质量监控与评价体系

针对本专业学生学习的目标、内容、要求等,制订一整套科学、规范的教学运行管理细则,形成教学全过程运行监控体系。特别是加强学生顶岗实习期间的教学质量监控,强化顶岗实习过程管理。

校企共同实施教学质量评价体系,通过督导考核、学院考核、学生评教及同行评价四个方面对教学进行综合评价。督导考核通过听课、走课、巡课、师生座谈会、学生教学信息反馈、教案检查、教学检查等情况,对教师的教学工作进行客观评价;教务处代表学院对教师执教情况进行客观评价;学生根据平时教师的教学情况进行网上测评,再通过测评数据标准化处理形成可比测评分;同行评价是由系部、教研室和同行教师通过听课和教研活动情况,对教师的教学进行考核。为了使考核公平可信,系部按学院的相关管理规定,制订本系部和本专业教研室的教学考核办法和考核工作细则,制订规范的质量评价标准,每学期对教师的教学态度、教学能力、教学效果进行全面考核,确保测评结果客观公正,促进广大教师不断提高教学水平和教学质量。

(执笔人:柳伟)

第三部分　附　　件

附件 1:道路桥梁工程技术专业人才培养调研报告

一、调研目的

高职教育是坚持以就业为导向,以能力为本位,以服务为宗旨的大众教育。为彰显职业教育的特色,通过本次调研收集和分析道路与桥梁工程技术专业学生的社会需求状况信息、毕业生状况和专业建设存在的问题,了解社会、行业以及企业对道路桥梁工程技术专业人才的认识、技能、素质要求的变化趋势,为我院道路桥梁工程技术专业的专业设置、招生规模、学生就业指导提供信息,为专业人才培养方案修订、教学改革及专业改革提供依据和帮助,提高我院道路桥梁工程技术专业人才培养质量及毕业生的就业质量。

二、调研时间

2012 年 7 月 ~2013 年 3 月。

三、调研对象

为了顺利完成本次调研任务,在调研具体实施前,小组进行了精心的策划。首先,对我们的调查对象进行了界定,主要定位在公路建设企业。根据道桥专业就业的行业分布状况,对公路建设企业又进行了细分,主要分为:公路建设管理单位、公路施工企业、公路勘测设计企业、公路试验检测企业、工程监理企业、工程建设咨询企业。调查单位情况统计如表 1 所示。

调查单位情况统计表　　表 1

编号	单位名称	单位性质	资质(主项)	备　注
1	江西省公路桥梁工程有限公司	有限责任公司	公路工程施工总承包一级	施工企业
2	江西省交通工程集团公司(丰厚)	有限责任公司	公路工程施工总承包一级	施工企业
3	安通建设有限公司	有限责任公司	公路工程施工总承包一级	施工企业
4	江西省现代路桥工程总公司	有限责任公司	公路工程施工总承包一级	施工企业
5	北京城建道桥建设集团有限公司	有限责任公司	公路工程施工总承包一级	施工企业
6	江西中煤建设集团有限公司	有限责任公司	公路工程施工总承包一级	施工企业
7	江西省天驰高速科技发展有限公司	有限责任公司	公路工程综合甲级	试验检测单位
8	中铁十二局集团汕湛高速揭博项目 T15 标项目经理部	有限责任公司	公路工程施工总承包一级	施工企业
9	福建工程建设监理有限公司	有限责任公司	公路工程施工总承包一级	监理单位
10	金溪至抚州高速公路项目办公室	事业单位		建设管理单位

续上表

编号	单位名称	单位性质	资质(主项)	备注
11	江西赣粤高速公路工程有限责任公司	有限责任公司	公路工程施工总承包一级	施工企业
12	江西正德工程检测有限责任公司	有限责任公司	公路工程综合甲级	试验检测单位
13	云林建设集团有限公司	有限责任公司	公路工程施工总承包一级	施工企业
14	杭州欣和建筑劳务有限公司	有限责任公司	公路工程施工总承包一级	施工企业
15	中铁二十五局第一工程有限公司	有限责任公司	公路工程施工总承包一级	施工企业
16	连云港市水利建筑安装工程有限公司	有限责任公司	公路工程施工总承包一级	施工企业
17	赣州忠信公路工程监理有限公司	有限责任公司	公路工程综合甲级	监理单位
18	重庆中设工程设计股份有限公司江西分公司	有限责任公司	公路行业甲级	设计单位
19	江西省交通设计研究院有限责任公司	有限责任公司	公路行业甲级	设计单位
20	宋溪至窑段改造公路工程高级驻地监理工程师办公室			监理单位
21	江西嘉圆房地产开发有限责任公司康龙服务中心项目部	有限责任公司	公路工程施工总承包一级	施工企业
22	徐州市公路工程总公司贵州省三穗至黎平高速公路第8合同段	有限责任公司	市政工程施工总承包一级	施工企业
23	江西交通工程集团公司有限公司(赣州G323国道)	有限责任公司	公路工程施工总承包一级	施工企业
24	江西省公路机械工程局(万载至宜春高速公路A3)	有限责任公司	公路工程施工总承包一级	施工企业
25	江西省交通工程集团有限公司(万载至宜春高速公路AP1)	有限责任公司	公路工程施工总承包一级	施工企业
26	江西省公路机械工程局(赣崇高速B1)	有限责任公司	公路工程施工总承包一级	施工企业
27	中铁十六局集团第二工程有限公司(赣崇高速B2)	有限责任公司	公路工程施工总承包一级	施工企业
28	江西赣粤高速公路工程有限责任公司(赣崇高速A1)	有限责任公司	公路工程施工总承包一级	施工企业
29	江西省交通运输厅赣州至崇义高速公路项目建设办公室(B段管理部)	事业单位		建设管理单位
30	中铁十七局集团第一工程有限公司(赣崇高速B7)	有限责任公司	公路工程施工总承包一级	施工企业
31	中铁十三局集团第五工程有限公司(赣崇高速B4)	有限责任公司	公路工程施工总承包一级	施工企业
32	中铁五局集团第三工程有限责任公司(赣崇高速B8)	有限责任公司	公路工程施工总承包一级	施工企业
33	北京市海龙公路工程公司(赣崇高速B6合同段项目经理部)	有限责任公司	公路工程施工总承包一级	施工企业

续上表

编号	单位名称	单位性质	资质(主项)	备　注
34	安徽省公路桥梁工程有限公司(赣崇高速公路B3合同段项目经理部)	有限责任公司	公路工程施工总承包一级	施工企业
35	海力建设集团有限公司(赣崇高速FJ2)	有限责任公司	公路工程施工总承包一级	施工企业
36	福建亨立建设集团有限公司(赣崇高速FJ1)	有限责任公司	公路工程施工总承包一级	施工企业
37	江西中联建设集团有限公司(赣崇高速FJ5)	有限责任公司	公路工程施工总承包一级	施工企业
38	江西井冈路桥集团有限公司	有限责任公司	公路工程施工总承包一级	施工企业
39	中铁五局集团第四工程有限责任公司(德上高速A2)	有限责任公司	公路工程施工总承包一级	施工企业
40	中铁四局集团有限公司(德上高速A8)	有限责任公司	公路工程施工总承包一级	施工企业
41	中铁五局集团有限公司(德昌高速A4)	有限责任公司	公路工程施工总承包一级	施工企业
42	中铁二十三局集团第一工程有限公司(德上高速A6)	有限责任公司	公路工程施工总承包一级	施工企业
43	江西交苑公路工程试验检测中心	事业单位	公路工程综合乙级	试验检测单位
44	华汇工程设计集团有限公司江西分公司	有限责任公司	公路行业甲级	设计单位

四、调研方法

(1)设计问卷调查表、小组实地或E-mail发放调查问卷,填写并回收。问卷调查表由企业部门领导和代表填写,分道路桥梁工程技术专业调查表及其专业岗位、素质、能力、知识调查表两部分,每部分都设计了针对性的问题。

(2)组建专业调研小组深入交通运输行业企业进行座谈、调研。调查人员与企业领导或代表就公路建设形势与人才需求等方面的问题进行广泛而深入的交流讨论,讨论的问题有一定的代表性和指向性。参与座谈的企业领导和代表为学院专业建设提出了一些实质问题和建议。

(3)专业建设小组对调研结果汇总、分析、总结,为专业建设提出建议。

五、调研内容

(一)行业现状与需求背景

根据《交通运输"十二五"发展规划》精神,"十二五"期间,全国公路总里程将达到450万km,国家高速公路网基本建成,高速公路总里程达到10.8万km,覆盖90%以上的20万以上人口城市,二级及以上公路里程达到65万km,每年实施国省道大中修工程比例≥17%,农村公路总里程达到390万km,公路、水路投资总规模达6.2万亿,大部分将投向公路。

在此期间,江西省公路总里程预计达18万km(含新农村道路),国省干线公路二级及以上比重提高到90%，所有行政村通畅率达100%。其中，高速公路新增通车里程1935km；国省干线建设规模约3000km，农村公路建设规模约28000km。继续支持红色旅游公路建设，推动井冈山、瑞金等地区的红色旅游持续健康发展。

（二）行业企业人才需求现状

1. 行业人才需求概况

"十二五"期间，随着科学技术的发展，先进的设计理论和新技术、新工艺、新材料、新设备在公路建设中将得到广泛的运用。因此，对公路建设一线的高素质技术技能人才的需求将会加剧。据统计，我国交通土建方面的从业人员已达到3000万人，而具备中专学历以上的技术人员所占比例不足11%，同期中等发达国家的比例为30%～40%。根据江西省交通运输厅统计数据，2010年初全省交通运输行业从业人员为77.6万人，高素质技术技能人才比例为16.8%。《江西省"十二五"公路水路交通运输发展规划纲要》提出，全省交通运输系统高素质技术技能人才比例平均值要提高到30%。据此测算，江西交通运输行业高素质技术技能人才学历教育及相关培训需求人数至少在10万人。通过对江西省交通工程集团有限公司、赣粤高速公路股份有限公司、天驰高速科技发展有限公司等大型企业人才需求调研，预计"十二五"期间本省公路建设领域需新增高素质技术技能人才约8000人，而江西省开设道路桥梁工程技术专业的高职专科层次院校仅6所，年毕业生人数远远不能满足江西省交通运输行业发展的需要。

2. 专业人才职业岗位需求分析

通过对毕业生的岗位调查结果分析，绝大部分的学生主要从事公路建设一线工作。如图1所示，本专业毕业生主要从事施工管理及试验检测工作，分别占到毕业生总数的33.4%、26.9%。此外，从事工程测量工作的占15.2%，从事施工监理工作的占8.5%，从事资料整理工作的占7.6%，从事公勘设计工作的占3.8%，从事养护管理工作的占2.1%，从事其他工作的占2.5%。

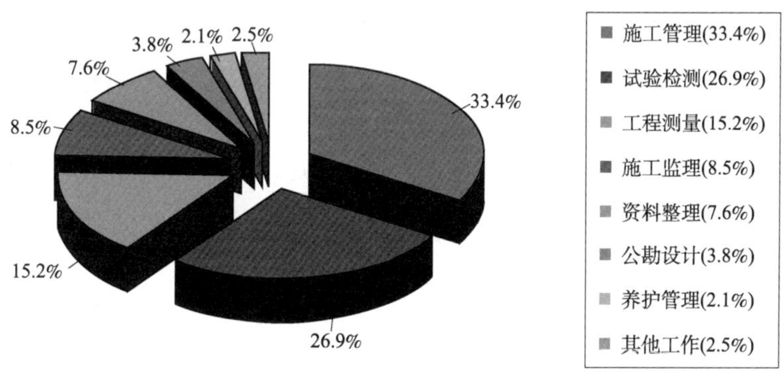

图1　毕业生工作岗位分布图

在针对企业的调研中，82%的单位表示三年内会招收道路桥梁工程技术专业高职毕业生。如图2所示，企业提供的就业岗位主要有施工员、试验检测员、测量员和监理员等，分别占41.6%、37.2%、23.7%、16.9%。

以上调研数据表明，道路桥梁工程技术专业高职毕业生最主要的就业方向是施工管理和试验检测，占该专业毕业生就业岗位的60%以上，75%以上的企业提供以上就业岗位。

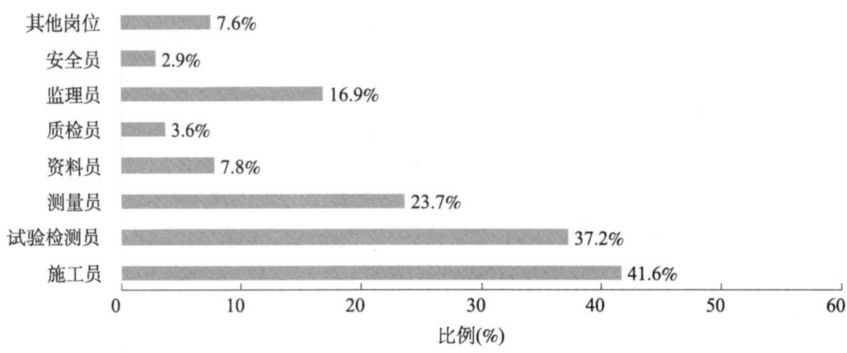

图2 企业为道路桥梁工程技术专业高职毕业生提供的就业岗位分布图

（三）职业岗位所需专业课程分析

各企业根据其需要的专业岗位特点，希望高职院校道路桥梁工程技术专业开设的专业课程较多，但归纳起来，在实践工作中应用较多的课程包括：工程测量、路基工程施工、路面工程施工、桥涵工程施工、道路工程检测、桥梁现场检测等，这些课程在工作中显得尤为重要，并且工程制图与CAD等相关的基础知识和技能，也不能忽视。

目前，学院该专业开设的课程已经较为全面，基本能满足工作中对专业知识和基本职业技能的要求，但在工作实践中还存在需要提升的技能。比如部分企业提出，根据目前资料员的岗位需求，还应该增设公路工程资料管理方面的课程。而公路边坡防护和路基工程施工课程有所重复，两者可合并。同时，随着对公路工程质量和安全生产越来越重视，企业提出学校还应该加强对学生在公路工程质检和安全方面技能的培训。

（四）专业对应的职业资格证书分析

如图3所示的调研数据表明，测量工、试验工、试验检测员等资格证比较能反映毕业生的专业技能水平，企业在录用毕业生时，比较看重毕业生专业证书和有关职业资格证书。但也明显看到，企业对毕业生的计算机等级资格证书和英语等级资格证书也比较重视，占了相当的比例，可见毕业生的综合素质非常重要。

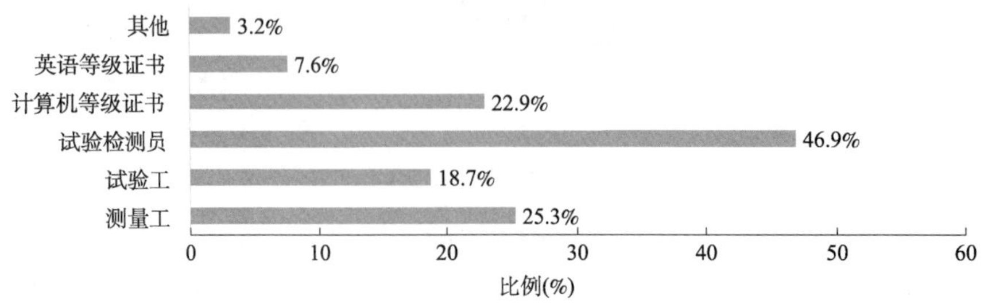

图3 企业对道路桥梁工程技术专业高职毕业生职业技能资格证书需求

企业录用道路桥梁工程技术专业高职毕业生，除了考虑具有资格证书以外，还会考虑学生性别、学习成绩、身体素质、英语和计算机水平、是否担任过学生干部等因素。由于本专业的操作实践性较强，对于毕业生的身体素质要求较高，且在施工中在多方面需要与人协调和沟通，所以企业会比较看好学生干部，计算机水平较高的毕业生也会被企业看好。

(五)企业对本专业毕业生综合素质要求分析

专业调研显示，绝大部分企业都希望刚毕业的学生一到工作岗位就能够发挥作用，具有一定的独立工作能力，且具备一定的应变能力，能根据工程实际的不同，选择恰当的处理方案。此外，多数企业也非常看重毕业生的沟通能力，一个不擅于沟通表达的人，必将影响其个人能力的发挥。

综上所述，对于走出校门的毕业生，要提高其就业率和企业上岗率，提高专业素质是关键。除此之外，还应该提高学生的人文素质，包括写作能力、语言表达能力、社交能力、组织和协调能力等。而且，动手能力和实践技能尤为重要，本专业应该加强实践环节，通过顶岗实习等方式丰富学生的实践经验，提升个人综合素质与能力。

(六)企业对本专业人才培养的建议

调研表明，目前该专业毕业生工作中存在的主要问题是：缺乏实践经验，运用专业技能不够灵活，掌握专业技能不够牢的占 51%；专业理论知识较薄弱的占 29%；其他问题占 20%。因此，企业对人才培养提出以下建议：

(1)道路桥梁工程技术专业课程设置要与市场需求基本一致，人才培养目标定位要符合高职高专人才规格要求，各方面设置总体应该符合企业对学生的要求。

(2)对现有的课程体系和教材进行彻底改革，特别要结合实践工作来完善我们的专业教材，使学生在学校的教学环节就能尝试工程实践。

(3)加强师资队伍的建设，尤其是加强"双师"素质教师的培养，有计划地鼓励教师参加建造师等相关执业资格证考试；鼓励教师多深入企业、公司进修和实践，从而获得行业的最新信息，并长期坚持贯穿于教学全过程。

(4)加强实践教学环节，通过校内试验实训、校企合作、企业培训实习等方式，更好地提高学生的操作技能。

(5)逐步完善校内专业工种的考证培训。

六、调研结论

从上述调研可知，随着公路建设行业的发展，公路建设行业人才的需求量将逐年增加，公路和城市道路施工、检测、养护等有较为广阔的发展空间，企业对道路桥梁工程技术专业的人才需求量也较大。本次调研针对这些情况，提出为了适应社会主义市场经济的发展，我们应该不断调整和拓展专业课程的设置，满足公路行业和地方路桥建设对路桥专业人才的需求，并针对这些需求加大人才培养力度，最终形成本专业特色，提高毕业生的职业技能和综合素质，为江西省公路建设发展培养高素质的技术技能人才。

1. 人才培养目标

根据调研结果分析，本专业毕业生主要面向公路建设行业的公路施工、试验检测等企事业单位，从事施工管理、试验检测等技术工作。其具体的人才培养目标是：本专业培养适应社会主义现代化建设需要，德、智、体、美全面发展，具有施工员、试验检测员等岗位必备的基本理论和专业知识，具有较强的实践能力、创造能力、就业能力和创业能力，具有良好的职业道德、创业精神和健全的体魄，能适应公路建设一线需要的“下得去、信得过、留得住、用得好”的技术技能型人才。

2. 专业课程设置原则建议

通过调研分析，建立以校企合作为平台，以建设项目来引领人才培养过程，形成建设过程与教学过程紧密结合，知识、技能、素质紧密结合，做、学、教紧密结合，学校与企业紧密结合的人才培养模式。

（1）职业能力分析。本专业毕业生主要就业岗位是路桥施工员、试验检测员，其具体的岗位职业能力分析，如表2、表3所示。

路桥施工员职业能力分析 表2

路桥施工员	实际工作任务	知识要求	技能要求
施工前期准备	1. 施工图设计文件识读，技术交底； 2. 根据设计图纸进行施工测量放样； 3. 按照进度要求，协助项目负责人制订施工计划和施工部署，编制施工组织设计文件； 4. 计算材料、人工、机械用量； 5. 协助项目负责人做好施工进场各项准备工作	1. 工程制图和计算机绘图知识； 2. 公路工程材料基本知识； 3. 工程测量基本知识； 4. 建设法律法规知识； 5. 建设环境保护和施工安全基本知识； 6. 路桥工程结构与力学验算； 7. 路基土石方施工； 8. 路基小型结构物施工； 9. 道路基础处治； 10. 稳定类砂砾类垫层及基层施工； 11. 沥青路面施工； 12. 水泥混凝土路面施工； 13. 桥梁基础工程施工； 14. 桥梁下部结构施工； 15. 桥梁上部结构施工； 16. 隧道工程施工； 17. 施工组织	1. 正确识读设计文件，具备一定的语言表达能力，能向操作班组正确进行技术交底； 2. 能正确使用测量仪器进行施工放样； 3. 能在工程师指导下，正确进行施工组织设计，能正确计算人工、机械和材料用量
施工过程管理	1. 严格按照施工图、施工组织计划和施工规程进行现场施工技术管理； 2. 对施工进度、施工成本、施工质量和施工安全等进行有效管理； 3. 对施工过程的工艺流程进行指导		1. 能理解施工工艺流程，能根据施工规范指导施工作业； 2. 能使用网络图编制和调整施工进度计划； 3. 能进行砌体砌筑、混凝土浇筑、钢筋加工绑扎操作并组织施工
施工质量控制和工程验收	1. 严格执行国家交通建设工程质量验收规范； 2. 对施工过程中的工程质量进行控制，提出质量控制整改意见； 3. 组织竣工验收准备工作，配合有关部门做好竣工工程质量验收		1. 能理解质量验收标准，能使用常规检测仪器，能进行常规试验与工程结构检测； 2. 能理解竣工验收程序和验收文件组成，能编制竣工验收文件

试验检测员职业能力分析 表3

<table>
<tr><th>试验检测员</th><th>主要工作任务</th><th>知 识 要 求</th><th>技 能 要 求</th></tr>
<tr><td>试验准备</td><td>1. 施工设计文件识读；
2. 熟悉试验规程；
3. 现场试样采集；
4. 试验室试样制备；
5. 试验仪器、工具准备</td><td rowspan="4">1. 数理统计知识；
2. 化学基础知识；
3. 物理基础知识；
4. 力学基础知识；
5. 机械基本知识；
6. 识图知识；
7. 建筑工程材料知识；
8. 工程测量知识；
9. 路基路面工程知识；
10. 桥梁工程知识；
11. 隧道工程知识；
12. 道路桥梁工程检测基础知识；
13. 计算机常用软件与试验检测专业软件知识；
14. 试验检测新方法开发知识</td><td>1. 能理解试验检测任务、内容、项目，能合理选择试验仪器；
2. 能正确采集试样，按规范要求的规格和数量制备材料</td></tr>
<tr><td>试验数据采集</td><td>1. 严格按照试验操作规程进行试验操作；
2. 试验精度满足规程要求</td><td>1. 能理解并描述试验操作规程；
2. 会操作相关仪器设备；
3. 能理解、区分各种仪器的性能和技术指标</td></tr>
<tr><td>试验结果整理分析</td><td>1. 按照试验规程对试验成果进行分析，提出质量整改意见；
2. 出具符合现行规范的试验检测报告</td><td>1. 能理解数字修约规则，能判别可疑数据以及数理统计的特征和分布值的计算；
2. 能掌握各项试验精度要求；
3. 能使用试验统计软件出具试验检测报告</td></tr>
<tr><td>仪器设备保养</td><td>1. 保养仪器设备；
2. 检验与校正常规仪器；
3. 配合职能部门对试验仪器设备进行计量论证</td><td>1. 能对仪器设备日常保养，及时发现仪器异常状况；
2. 进行一般或常规仪器的检验与校正；
3. 能配合职能部门对仪器计量检定</td></tr>
</table>

(2)学习领域转化。根据企业调研确定的施工员及试验检测员岗位能力要求，与行业企业专家共同确定了材料试验等13项典型工作任务，再对典型工作任务进行分析归纳并形成行动领域，然后通过对行动领域进行重构分析和教学归纳，形成学习领域，如图4所示。

(3)课程体系构建。以路桥工程施工、试验检测能力培养为本位，按照学生认知规律和职业成长规律，对学习领域进行排序，与行业企业共同构建由公共基础课程、专业基础学习领域、专业核心学习领域、专业拓展学习领域及实践学习领域组成，基于职业岗位能力分析、符合职业活动过程导向的专业课程体系，如图5所示。

专业课程体系的动态可调路径与措施：一是瞄准就业岗位，深入公路工程建设企业开展岗位调研，动态跟踪江西多雨潮湿环境下道桥工程建养技术等，参照岗位任职要求及时将新知识、新理论和新技术充实到课程中，有针对性地强化岗位核心技能。二是结合学院对本专业毕业生就业质量的跟踪调查结果，适时调整专业方向和课程内容。在基础学习领域中要实现通过讲座、科技创新等第二课堂活动，融入就业创业能力、职业迁移能力等，使学生具备可持续发展能力。

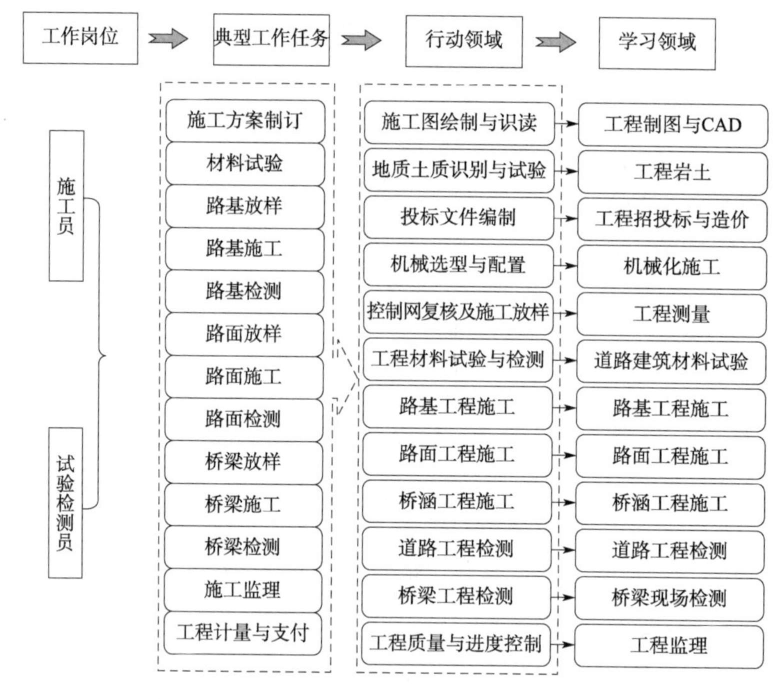

图4 道路桥梁工程技术专业学习领域转化过程示意图

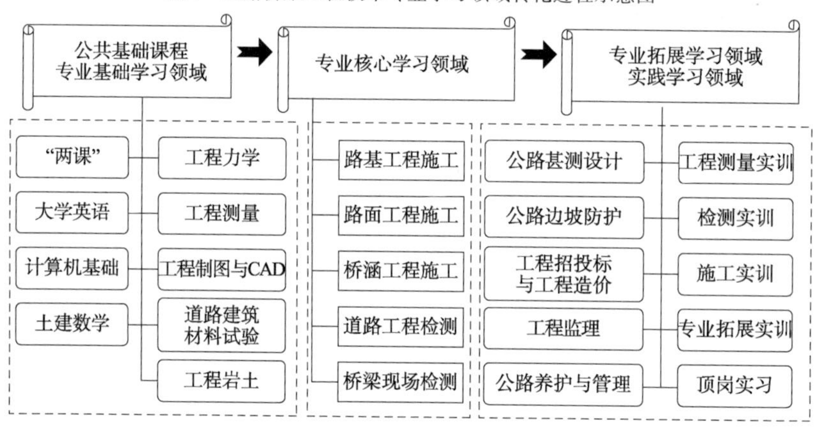

图5 道路桥梁工程技术专业课程体系结构图

3. 教学措施改革建议

变单一"灌输式"教学为现场教学、案例式教学、讨论启发式教学，采用精讲多练、边讲边练、考练结合等教学方法，增强教学直观性、针对性和实效性，尤其要加强实践性教学环节的考核。凡是能在现场组织教学的，绝不在教室用黑板和挂图讲解，而在实训室、路桥园等实习实训场地进行教学。教学过程中要让学生主动参与到教学活动中，并逐步放手让学生自主学习，充分激发学生学习兴趣和学习主动性，提高学习能力，使学生的潜力和创造性得以充分发挥，使学生对所讲述内容有完全的了解和真正的认识，促使学生将所学理论与实践紧密地结合起来。

4. 师资与实训条件配置建议

(1)专业师资队伍建设建议。借鉴国外高职院校的"不求所有、但求所用"的师资队伍管理理念，改善道路桥梁工程技术专业校内教师队伍的结构，密切校企合作关系，适应社会对人才需求的变化。积极挖掘各企业中有较强理论基础和丰富工作经验的技术骨干，争取让他们参与到道路桥梁工程技术专业的专业课程教学中来，设立兼职教师人才储备库，以增强紧缺专业的师资力量。不定期地邀请国内知名院校的著名学者介绍行业的最新动态；请兼职教师参与教学计划与授课计划制订、教材编写、教学内容改革及教科研活动，在兼职教师队伍建设中建立激励机制。

通过政策支持和资金奖励等方法，鼓励青年教师以在职攻读形式提高学历；以老带新，通过老教师的传、帮、带，从而提高青年教师的教学能力；开展岗前教育教学理论培训；制订青年教师的3年发展规划，以规划指导个人的发展方向；安排青年教师担任试验、实习、设计指导教师和辅导员，鼓励教师积极参与实际工程项目，在实践中提高他们的技术应用能力和职业素质。

以专业带头人或骨干教师为主，带领青年教师不定期开展一些专业定位及岗位适应性、"双师"结构师资团队建设、专业特色素质教育体系构建及教学方法与手段改革内容等研究。通过研究促进教师对专业发展、培养目标及教学手段改革的思考，从而使整个教师团队的综合素质不断提高。

(2)专业实训条件配置建议：

①校内实训条件。根据道路桥梁工程技术专业培养目标和教学要求，校内具备一体化教学和生产性实习等基本实训条件。实训室在设备和工位数量上能保证实施理实一体化课程的需要，配置多媒体教学设备，便于开展教、学、做合一的教学活动。在校企共建过程中，保障技术及设备的更新，紧跟技术的发展步伐。

②校外实训条件。在校外实训基地的建设中，依托学院合作发展理事会，积极寻求与国内外、区域内大型知名企业开展深层次、紧密型合作，建立与自己的规模相适应的、稳定的校外实训基地，建立健全规章制度及基于职业标准的日常行为规范，充分满足本专业所有学生综合实践能力及半年以上顶岗实习的需要，发挥企业在人才培养中的作用，由企业提供场地、办公设备、项目和技术指导人员，企业技术人员与教师共同组织和带领学生完成真实项目设计与施工等，使学生真正进入企业项目实践。

七、问题与思考

通过调研，我们更加清楚地了解到目前市场和企业对人才的需求，高职院校应该根据这些需要，为适应社会主义市场经济的快速发展，培养一大批具有高素质、高标准、高就业率的公路建设人才。根据调研情况，在教学课程改革和学生的能力素质培养两方面提出建议。

对于教学课程改革，在教学模式方面，我们应该完善教学体系，加大校企联合，通过订单培养模式提早将企业项目引入教学，采用项目建设和教学紧密结合的教学系统，优化传统的教学体系，创新道路桥梁工程技术专业的教学方法；在人才培养模式方面，我们应该与时俱进，就市场需要和实际工作需要改革和创新人才培养模式，培养一批适应时势，具有较强专业技能的人才；在课程和教材建设方面，应该根据我们优化了的人才培养模式来安排专业课程和使用教材，专业核心课程建设应该不断增强学生的专业核心能力，特别是开发工学结合的专业教材。

对于学生能力和素质的培养方面，应该以校企合作为载体，以实践项目为活动内容，丰富学生的实践经验和动手能力，提高就业竞争力；培养一大批德、智、体、美全面发展的技术技能型人才，提高综合素质，满足社会需要；最后提升学生的职业素质，培养学生爱岗敬业、踏实肯干、艰苦奋斗的精神,因为这些职业精神是强大的可持续发展的内动力,能促进毕业生在工作岗位上不断进取,获得更大的发展空间。

(执笔人:梁安宁)

附件2:《土建数学》课程标准

一、课程定位

本课程定位如表1所示。

课程定位表 表1

课程名称及编号	土建数学(520001)
课设学期及学时	第1、2学期,共102学时
课程类型	公共基础课程
先导课程	
平行课程	大学英语、计算机应用基础
后续课程	道路建筑材料试验、路基工程施工

二、课程性质

本课程为高职类道路桥梁工程技术专业的公共基础课程之一,是高等数学和土建工程专业的结合,含微积分、线性代数、概率论与数理统计及土建工程的相关应用。该课程不仅为后继专业课程提供必备的数学工具,而且是培养土建工程类大学生数学素养和抽象思维能力的重要途径。

三、课程设计思路

(1)课程结构设计:既保证大学数学的学科体系,又满足不同专业对数学知识的需求,充分体现适用够用原则。

(2)课程内容设计:我们力求做到适应多岗位,便于转岗需要,在知识应用方面尽可能使学生既懂工程应用又懂经济应用。

(3)课程内容层次设计:对掌握的内容,既要求学生会用所学知识解决实际问题,又要从例题的学习中获得素质提升。

四、课程目标

(一)知识目标

掌握与土建工程相关的数学基本概念、基本运算和基本方法,学生能应用所学的数学知识,分析并解决生活和工程实际中的问题,为学习后续课程提供必要的数学工具,并为学生的可持续发展奠定良好的基础。

(二)能力目标

(1)通过本课程基本概念和数学思想的教学,培养学生的抽象思维能力、逻辑思维能力、辩证思维能力和数学语言表达能力；

(2)通过本课程基本运算方法的训练，培养学生逻辑思维能力和工程计算能力；

(3)通过本课程数学应用问题的分析、求解和训练，培养学生正确理解概念的能力，以及发现问题、分析问题和解决问题能力。

(三)素质目标

(1)具备良好的学习态度和责任心；

(2)具有较强的团队意识和协作能力；

(3)具有较强的学习能力和吃苦耐劳精神；

(4)具有较强的语言表达和协调人际关系的能力；

(5)具有一定的数学文化修养。

五、课程内容与学习目标

(一)课程内容结构安排

本课程分函数、极限与连续等10章，下设函数等43节，具体见表2。

课程内容结构安排一览表 表2

序号	章	节	参考学时
1	函数、极限与连续	函数	2
		函数的极限	2
		函数的连续性	2
		工程中函数关系举例	4
2	导数与微分	导数的概念	2
		求导法则	2
		隐函数的导数	2
		高阶导数	2
		微分	2
3	导数的应用	微分中值定理	2
		洛必达法则	2
		函数的单调性与极值	2
		函数图形的描绘	2
		导数在土建工程中的应用举例	4
4	积分	不定积分	2
		不定积分换元法和分部积分法	2
		定积分的概念和性质	2
		定积分的换元法和分部积分法	2
		定积分的几何应用	2
		定积分在土建工程中的应用	4

续上表

序　号	章	节	参考学时
5	工程结构截面几何性质	截面的静矩与形心	4
		惯性矩与惯性积、极惯性矩	4
		平行移轴和转轴公式	2
6	线性代数基础	行列式	2
		矩阵	2
		线性方程组	4
7	概率论基础	随机事件与概率	2
		概率的基本公式	2
		事件的独立性与贝努里概型	2
		离散型随机变量及其分布	2
		连续型随机变量及其分布	2
		随机变量的数字特征	2
8	工程测量误差理论基础	测量误差概述	2
		衡量工程测量精度的标准	2
		误差传播定律	2
		最或是值及其残差	2
		等精度直接观测平差	4
9	数理统计基础及应用	数理统计基础	2
		常用的数理统计方法与工具	2
		抽样检验基础	2
10	土建工程中常用计算方法	内插法	2
		图乘法	2
		工程量计算	4
合计			102

(二)课程内容要求(表3)

课 程 内 容 要 求　　表3

第一章:函数、极限与连续	参考学时:10
学习目标: 1. 理解函数的概念,了解分段函数、基本初等函数、初等函数的概念; 2. 了解反函数、复合函数的概念,会分析复合函数的复合结构; 3. 了解极限的描述性定义,掌握极限的四则运算法则; 4. 了解无穷小、无穷大的概念及其相互关系和性质; 5. 会用两个重要极限公式求极限; 6. 理解函数在一点连续的概念,知道间断点的分类; 7. 了解初等函数的连续性及连续函数在闭区间上的性质; 8. 会用函数的连续性求极限; 9. 会应用函数思想解决简单的工程问题	

续上表

<table>
<tr><td>第一章:函数、极限与连续</td><td>参考学时:10</td></tr>
<tr><td colspan="2">学习内容:
1. 函数;
2. 函数的极限;
3. 函数的连续性;
4. 工程中函数关系举例</td></tr>
<tr><td>教学资源:
1. 讲义、教案、多媒体课件、FLASH 动画等;
2. 作业、习题等;
3. 工程案例等</td><td>对学生基础要求:
1. 具有一定的数学计算能力;
2. 了解公路基础知识概念;
3. 具有一般分析能力</td></tr>
<tr><td>第二章:导数与微分</td><td>参考学时:10</td></tr>
<tr><td colspan="2">学习目标:
1. 理解导数和微分的概念及其几何意义,会用导数(变化率)描述一些简单的实际问题;
2. 熟练掌握导数和微分的四则运算法则和基本初等函数的求导公式;
3. 熟练掌握复合函数、隐函数以及由参数方程所确定的函数的一阶导数的求法;
4. 了解高阶导数的概念,掌握简单初等函数的二阶导数的求法;
5. 了解可导、可微、连续之间的关系</td></tr>
<tr><td colspan="2">学习内容:
1. 导数的概念;
2. 求导法则;
3 隐函数的导数;
4. 高阶导数;
5. 微分</td></tr>
<tr><td>教学资源:
1. 讲义、教案、多媒体课件、FLASH 动画等;
2. 作业、习题等;
3. 工程案例等</td><td>对学生基础要求:
1. 具有一定的数学计算能力;
2. 了解公路基础知识概念;
3. 具有一般分析能力</td></tr>
<tr><td>第三章:导数的应用</td><td>参考学时:12</td></tr>
<tr><td colspan="2">学习目标:
1. 了解罗尔中值定理、拉格朗日中值定理与柯西中值定理;
2. 会用洛必达法则求未定式的极限;
3. 掌握利用一阶导数判断函数的单调性的方法;
4. 理解函数的极值概念,掌握利用导数求函数的极值的方法,会解简单一元函数的最大值与最小值的应用题;
5. 会用二阶导数判断函数图形的凹性及拐点,能描绘简单函数的图形</td></tr>
<tr><td colspan="2">学习内容:
1. 微分中值定理;
2. 洛必达法则;
3. 函数的单调性与极值;
4. 函数图形的描绘;
5. 导数在土建工程中的应用举例</td></tr>
</table>

续上表

<table>
<tr><td>第三章:导数的应用</td><td>参考学时:12</td></tr>
<tr><td>教学资源:
1. 讲义、教案、多媒体课件、FLASH 动画等;
2. 作业、习题等;
3. 工程案例等</td><td>对学生基础要求:
1. 具有一定的数学计算能力;
2. 了解公路基础知识概念;
3. 具有一般分析能力</td></tr>
<tr><td>第四章:积分</td><td>参考学时:14</td></tr>
<tr><td colspan="2">学习目标:
1. 了解原函数、不定积分的概念及其性质;
2. 掌握不定积分的基本公式;
3. 掌握不定积分的换元法和分部积分法;
4. 了解定积分的概念及其性质;
5. 理解定积分的几何意义;
6. 理解变上限的定积分的性质,熟练掌握定积分的换元法和分部积分法;
7. 掌握用微元法将实际工程问题表示成定积分的分析方法</td></tr>
<tr><td colspan="2">学习内容:
1. 不定积分;
2. 不定积分换元法和分部积分法;
3. 定积分的概念和性质;
4. 定积分的换元法和分部积分法;
5. 定积分的几何应用;
6. 定积分在土建工程中的应用</td></tr>
<tr><td>教学资源:
1. 讲义、教案、多媒体课件、FLASH 动画等;
2. 作业、习题等;
3. 工程案例等</td><td>对学生基础要求:
1. 具有一定的数学计算能力;
2. 了解公路基础知识概念;
3. 具有一般分析能力</td></tr>
<tr><td>第五章:工程结构截面几何性质</td><td>参考学时:10</td></tr>
<tr><td colspan="2">学习目标:
1. 会用定积分的微元法求截面的静矩与形心;
2. 会用定积分的微元法求截面的惯性矩与惯性积、极惯性矩;
3. 会用平行移轴和转轴公式求截面的惯性矩等参数</td></tr>
<tr><td colspan="2">学习内容:
1. 截面的静矩与形心;
2. 惯性矩与惯性积、极惯性矩;
3. 平行移轴和转轴公式</td></tr>
<tr><td>教学资源:
1. 讲义、教案、多媒体课件、FLASH 动画等;
2. 作业、习题等;
3. 工程案例等</td><td>对学生基础要求:
1. 具有一定的数学计算能力;
2. 了解公路基础知识概念;
3. 具有一般分析能力</td></tr>
</table>

续上表

<table>
<tr><td colspan="2">第六章:线性代数基础</td><td>参考学时:8</td></tr>
<tr><td colspan="3">学习目标:
1. 熟悉行列式的概念、计算及应用;
2. 了解矩阵的基本概念、运算、初等行变换及其应用(求逆矩阵、矩阵的秩);
3. 了解线性方程组相容性定理,会求线性方程组的通解</td></tr>
<tr><td colspan="3">学习内容:
1. 行列式;
2. 矩阵;
3. 线性方程组</td></tr>
<tr><td>教学资源:
1. 讲义、教案、多媒体课件、FLASH 动画等;
2. 作业、习题等;
3. 工程案例等</td><td colspan="2">对学生基础要求:
1. 具有一定的数学计算能力;
2. 了解公路基础知识概念;
3. 具有一般分析能力</td></tr>
<tr><td colspan="2">第七章:概率论基础</td><td>参考学时:12</td></tr>
<tr><td colspan="3">学习目标:
1. 了解随机事件的关系与运算、概率及基本性质、古典概型及其简单计算;
2. 熟悉概率的加法公式、条件概率与乘法公式、全概公式与贝叶斯公式等运算法则;
3. 了解随机变量及其分布、数字特征;
4. 熟悉几种重要的分布及数字特征</td></tr>
<tr><td colspan="3">学习内容:
1. 随机事件与概率;
2. 概率的基本公式;
3. 事件的独立性与贝努里概型;
4. 离散型随机变量及其分布;
5. 连续型随机变量及其分布;
6. 随机变量的数字特征</td></tr>
<tr><td>教学资源:
1. 讲义、教案、多媒体课件、FLASH 动画等;
2. 作业、习题等;
3. 工程案例等</td><td colspan="2">对学生基础要求:
1. 具有一定的数学计算能力;
2. 了解公路基础知识概念;
3. 具有一般分析能力</td></tr>
<tr><td colspan="2">第八章:工程测量误差理论基础</td><td>参考学时:12</td></tr>
<tr><td colspan="3">学习目标:
1. 熟悉误差理论和测量平差的基本知识;
2. 熟悉处理测量误差的基本理论;
3. 熟悉测量误差数据处理的基本原理和方法</td></tr>
<tr><td colspan="3">学习内容:
1. 测量误差概述;
2. 衡量工程测量精度的标准;
3. 误差传播定律;
4. 最或是值及其残差;
5. 等精度直接观测平差</td></tr>
</table>

续上表

<table>
<tr><td>第八章:工程测量误差理论基础</td><td>参考学时:12</td></tr>
<tr><td>教学资源:
1. 讲义、教案、多媒体课件、FLASH 动画等;
2. 作业、习题等;
3. 工程案例等</td><td>对学生基础要求:
1. 具有一定的数学计算能力;
2. 了解公路基础知识概念;
3. 具有一般分析能力</td></tr>
<tr><td>第九章:数理统计基础及应用</td><td>参考学时:6</td></tr>
<tr><td colspan="2">学习目标:
1. 了解数理统计的基本概念、点估计、区间估计等;
2. 熟悉抽样检验的基本思想,会用 U 检验法、t 检验法、χ^2 检验法等</td></tr>
<tr><td colspan="2">学习内容:
1. 数理统计基础;
2. 常用的数理统计方法与工具;
3. 抽样检验基础</td></tr>
<tr><td>教学资源:
1. 讲义、教案、多媒体课件、FLASH 动画等;
2. 作业、习题等;
3. 工程案例等</td><td>对学生基础要求:
1. 具有一定的数学计算能力;
2. 了解公路基础知识概念;
3. 具有一般分析能力</td></tr>
<tr><td>第十章:土建工程中常用计算方法</td><td>参考学时:8</td></tr>
<tr><td colspan="2">学习目标:
1. 掌握内插法、图乘法等土建工程中常用计算方法;
2. 会运用数学工具计算工程量</td></tr>
<tr><td colspan="2">学习内容:
1. 内插法;
2. 图乘法;
3. 工程量计算</td></tr>
<tr><td>教学资源:
1. 讲义、教案、多媒体课件、FLASH 动画等;
2. 作业、习题等;
3. 工程案例等</td><td>对学生基础要求:
1. 具有一定的数学计算能力;
2. 了解公路基础知识概念;
3. 具有一般分析能力</td></tr>
</table>

六、课程实施建议

(一)教材及参考资源建议

1. 教材

陈秀华. 土建数学(上、下)[M]. 北京:人民交通出版社,2011.

2. 参考书

[1]高汝熹. 高等数学[M]. 武汉:武汉大学出版社,1992.

[2]韩旭里. 高等数学教程[M]. 长沙:中南大学出版社,2000.

[3]侯风波.高等数学[M].北京:高等教育出版社,2000.
[4]李先明.高等数学[M].重庆:重庆出版社,2007.

(二)师资条件建议

师德、学历和教学水平符合“高等学校教师任职资格”要求,掌握数学分析、高等代数、概率和数理统计等课程的精髓,并且要有较强的教法理论和教学基本功。

(三)教学方法建议

针对具体的教学内容和教学过程,总体采用项目教学法。在具体教学方法中,运用任务引导法、案例法、小组协作学习法等多种方法组织教学,以学生为中心“做中学、学中做”,让学生人人参与,培养学生团队协作能力和实践动手能力。

(四)教学评价建议

本课程采用过程考核,包括学习态度、课程作业等,占课程总成绩的100%,全面综合评价学生能力。如学生在本课程学习期间,参加大学生数学建模竞赛获奖,则考核成绩合格。课程的考核办法,如表4所示。

课程考核表 表4

考核项目		考核方式	比例	
			分项	总体
过程考核	学习态度	根据课堂教学参与情况、课堂回答问题、出勤情况,由教师综合评定学生的学习态度得分	40%	100%
	课程作业	根据学生完成课后作业、任务工单的情况,由教师来评定成绩	60%	
合计				100%

(课程标准制订人:李智)

附件3:《工程测量》课程标准

一、课程定位

本课程定位如表1所示。

课程定位表 表1

课程名称及编号	工程测量(520101)
课设学期及学时	第1学期,共64学时
课程类型	专业基础学习领域
先导课程	
平行课程	工程力学、工程制图与CAD
后续课程	公路勘测设计、路基工程施工、路面工程施工

二、课程性质

本课程是高职类道路桥梁工程技术专业基础学习领域之一，同时也是一门实践性较强的课程，教学应以应用为目的，突出针对性和应用性，使学生熟悉常规测量仪器的操作以及测设方面相关的基本理论知识，注重培养学生的实际动手能力，以培养技术技能型人才为培养目标。

三、课程设计思路

其总体设计思路是，打破以知识传授为主要特征的传统学科课程模式，转变为以工作任务为中心组织课程内容，并让学生在完成具体项目的过程中，学会完成相应工作任务，并构建相关理论知识，发展职业能力。课程内容，突出对学生职业能力的训练，理论知识的选取紧紧围绕工作任务完成的需要来进行，同时又充分考虑了高等职业教育对理论知识学习的需要，并融合了相关职业资格证书对知识、技能和态度的要求。项目设计以典型的工程项目来进行。教学过程中，要通过校企合作、校内实训基地建设等多种途径，采用项目教学加案例教学的新教学模式，充分开发教学资源库，给学生提供丰富的实践机会。教学效果评价采取过程评价与结果评价相结合的方式，理论与实践相结合，重点评价学生的职业能力。

四、课程目标

（一）知识目标

(1)能正确使用测绘仪器进行“角度、距离、坐标、放样”的基本测量操作；

(2)能对常规仪器进行检验、校正；

(3)能掌握高程测量、平面测量、地形测量、道路工程测量的原理及施测方法；

(4)能正确对高程测量、角度测量、平面测量、地形测量、道路工程测量的数据进行分析和平差计算。

（二）能力目标

(1)能熟练进行高程测量的路线布设及外业测量和内业计算；

(2)能熟练进行平面测量的路线布设及外业测量和内业计算；

(3)能熟练进行大比例尺地形图测绘的数据采集和绘制成图；

(4)能熟练进行道路工程测量的外业测量和内业计算。

（三）素质目标

(1)具有可持续发展的能力；

(2)具有团队协作能力；

(3)具有收集和处理信息的能力；

(4)具有获取新知识的能力；

(5)具有综合运用所学知识分析和解决问题的能力；

(6)具有良好的职业道德和敬业精神。

五、课程内容与学习目标

(一)课程内容结构安排

本课程分认识测量学、高程测量、平面测量、大比例尺地形图测绘、道路工程测量5个学习情境,下设13个工作任务,具体见表2。

课程内容结构安排一览表 表2

序号	学习情境	工作任务	参考学时
1	认识测量学	认识测量学	2
2	高程测量	水准仪使用	4
		等外水准测量	8
		高程控制测量	6
3	平面测量	平面测量仪器使用	6
		平面控制测量	10
		控制点加密	2
4	大比例尺地形图测绘	测图数据采集	8
		地形图成图	4
		地形图应用	2
5	道路工程测量	道路中线测量	6
		道路纵断面测量	4
		道路横断面测量	2
合计			64

(二)课程内容要求(表3)

课程内容要求 表3

学习情境1:认识测量学	参考学时:2
学习目标: 1.掌握测量学的分类; 2.掌握地面点位的定位原理和坐标系; 3.了解测量工作的误差、原则和程序	
学习内容: 测量学的基本概念及标准	
教学资源: 1.讲义、教案、多媒体课件、图片、模型、FLASH动画等; 2.任务工单等; 3.施工案例、规范规程等	对学生基础要求: 预习教材中认识测量学教学内容、工程测量精品课程网站和论坛中认识测量学的相关内容
学习情境2:高程测量	参考学时:18
学习目标: 1.能正确操作水准测量仪器; 2.能按规范方法进行高程测量,并进行成果计算	

续上表

<table>
<tr><td colspan="2">学习情境 2:高程测量</td><td>参考学时:18</td></tr>
<tr><td colspan="3">学习内容:
1. 水准仪使用;
2. 等外水准测量;
3. 高程控制测量</td></tr>
<tr><td>教学资源:
1. 讲义、教案、多媒体课件、模型、动画等;
2. 任务工单等;
3. 施工案例、规范规程等</td><td colspan="2">对学生基础要求:
预习教材中水准测量教学内容、工程测量精品课程网站和论坛中高程测量的相关内容</td></tr>
<tr><td colspan="2">学习情境 3:平面测量</td><td>参考学时:18</td></tr>
<tr><td colspan="3">学习目标:
1. 能熟练操作全站仪;
2. 能熟练操作罗盘仪;
3. 会进行导线测量及成果计算;
4. 能进行控制点加密</td></tr>
<tr><td colspan="3">学习内容:
1. 平面测量仪器使用;
2. 平面控制测量;
3. 控制点加密</td></tr>
<tr><td>教学资源:
1. 讲义、教案、多媒体课件、模型、动画等;
2. 任务工单等;
3. 施工案例、规范规程</td><td colspan="2">对学生基础要求:
预习教材中平面测量教学内容、工程测量精品课程网站和论坛中平面测量的相关内容</td></tr>
<tr><td colspan="2">学习情境 4:大比例尺地形图测绘</td><td>参考学时:14</td></tr>
<tr><td colspan="3">学习目标:
1. 能进行大比例尺地形图的测绘;
2. 会 cass 软件绘图和手工绘图</td></tr>
<tr><td colspan="3">学习内容:
1. 测图数据采集;
2. 地形图成图;
3. 地形图的应用</td></tr>
<tr><td>教学资源:
1. 讲义、教案、多媒体课件、模型、动画等;
2. 任务工单等;
3. 施工案例、规范规程等</td><td colspan="2">对学生基础要求:
预习教材中地形测量教学内容、工程测量精品课程网站和论坛中地形测量的相关内容</td></tr>
<tr><td colspan="2">学习情境 5:道路工程测量</td><td>参考学时:12</td></tr>
<tr><td colspan="3">学习目标:
能进行道路平面测量;
2. 能进行道路纵断面测量;
3. 能进行道路横断面测量</td></tr>
</table>

续上表

<table>
<tr><td colspan="2">学习情境5:道路工程测量</td><td>参考学时:12</td></tr>
<tr><td colspan="3">学习内容:
1.道路中线、曲线测设;
2.道路纵断面测设;
3.道路横断面测设</td></tr>
<tr><td>教学资源:
1.讲义、教案、多媒体课件、动画等;
2.任务工单等;
3.施工案例、规范规程等</td><td colspan="2">对学生基础要求:
预习教材中路线测量教学内容、工程测量精品课程网站和论坛中路线测量的相关内容</td></tr>
</table>

六、课程实施建议

(一)教材及参考资源建议

1.教材

谢艳.工程测量[M].北京:人民交通出版社股份有限公司,2015.

2.参考书

[1]顾孝烈,等.测量学试验[M].上海:同济大学出版社,2010.

[2]王霞.工程测量[M].北京:清华大学出版社,2010.

3.规范规程

[1]中华人民共和国国家标准.GB 50026—2007 工程测量规范[S].北京:中国计划出版社,2008.

4.课程网站

http://elearn.jxjtxy.com/eol/homepage/course/layout/page/index.jsp? courseId=10798。

(二)师资条件建议

(1)专任教师:具有高校教师资格证,具有工程测量工作经历,精通工程测量的基本理论与专业知识,具有较强的教科研能力。

(2)兼职教师:具有5年以上工程测量工作经历,有丰富的实际工作经验;具有中级以上专业技术职称或在职业技能竞赛中获得奖励;具有较强的教学组织能力。

(三)试验实训条件建议

本课程的试验实训条件配置建议如表4所示。

试验实训条件配置建议表 表4

实训室名称	主要设备名称	主要实训项目
工程测量实训室	1.自动安平水准仪、水准尺等; 2.全站仪、棱镜等	1.等外水准测量、高程控制测量; 2.导线控制测量; 3.大比例尺地形图测绘; 4.道路平、纵、横测量

(四)教学方法建议

针对具体的教学内容和教学过程,总体采用项目教学法。在具体教学方法中,运用任务引导法、案例法、小组协作学习法等多种方法组织教学,以学生为中心“做中学、学中做”,让学生人人参与,培养学生团队协作能力和实践动手能力。

(五)教学评价建议

本课程采用过程考核、综合考核等多元性评价,其中过程考核包括学习态度、课程作业等,占课程总成绩的40%,综合考核包括期末考试等,占课程总成绩的60%,全面综合评价学生能力。课程的考核办法如表5所示。

课 程 考 核 表 表5

考核项目		考核方式	比例	
			分项	总体
过程考核	学习态度	根据课堂教学参与情况、课堂回答问题、出勤情况,由教师综合评定学生的学习态度得分	50%	40%
	课程实训	根据学生完成课程实训、课后作业、任务工单的情况,由教师来评定成绩	50%	
综合考核		结合期末考试、技能鉴定等综合评定成绩	100%	60%
合计				100%

(课程标准制订人:谢艳)

附件4:《工程力学》课程标准

一、课程定位

本课程定位如表1所示。

课 程 定 位 表 表1

课程名称及编号	工程力学(520102)
课设学期及学时	第1学期,共64学时
课程类型	专业基础学习领域
先导课程	
平行课程	土建数学、工程制图与CAD、工程测量
后续课程	工程岩土、道路建筑材料试验

二、课程性质

本课程是高职类道路桥梁工程技术专业基础学习领域之一,是运用力学的基本原理,研究构件在荷载作用下的平衡规律及承载能力的一门课程。通过课堂理论学习和试验,使学生掌握路桥施工一线技术人员所必需的力学基础知识和基本技能，学习运用力学方法分析和解决路桥工程中简单的力学问题，培养学生的力学素质，为学习专业课程和继续深造提供必要的基础。

三、课程设计思路

根据教学内容的特点，灵活运用探究式、启发式、类比式、归纳式、互动式、提问式等多种教学方法，有效调动学生的兴趣，促进学生积极思考与实践。根据就业岗位需求和前后续课程的衔接，选取相关实践技能训练为主的教学内容，并将职业技能鉴定融入教学过程中。课程的教学过程要通过校企合作、校内实训基地建设等多种途径，采取工学结合等形式，充分开发学习资源，给学生提供丰富的实践机会。教学效果评价采取过程评价与结果评价相结合的方式，通过理论与实践相结合，重点评价学生的职业能力。

四、课程目标

（一）知识目标

(1)掌握结构计算简化与物体受力分析；
(2)掌握静定结构的支座反力计算方法；
(3)掌握轴向拉压杆的强度计算；
(4)掌握梁的弯曲内力与强度计算；
(5)熟悉连接件与圆轴的强度问题分析；
(6)熟悉组合变形构件的强度分析；
(7)熟悉细长压杆的稳定性分析；
(8)掌握典型静定结构的受力分析；
(9)熟悉移动荷载作用下结构的内力分析。

（二）能力目标

(1)能够对静定结构进行受力分析；
(2)能够灵活利用力系平衡条件；
(3)能够灵活运用强度、刚度、稳定性理论，分析柱、梁等结构；
(4)能够熟练操作力学试验仪器；
(5)能够运用所学力学知识，解决与力学相关的工程问题；
(6)能够说明梁、刚架、拱、桁架结构的受力特点；
(7)能够绘制出梁、刚架、拱、桁架内力图。

（三）素质目标

(1)培养学生的敬业精神；
(2)培养学生的团队协作精神；
(3)具有综合运用所学知识分析和解决问题的能力；
(4)具有良好的职业道德和敬业精神。

五、课程内容与学习目标

(一)课程内容结构安排

本课程分结构计算简图与物体受力分析等9个学习情境,下设绘制房梁的计算简图等27个工作任务,具体见表2。

课程内容结构安排一览表 表2

序号	学习情境	工作任务	参考学时
1	结构计算简图与物体受力分析	绘制房梁的计算简图	2
		绘制三铰拱的受力图	2
2	静定结构的支座反力计算	挡土墙倾覆力矩的计算	2
		三角支架的受力计算	2
		梁和刚架的受力计算	2
		三铰刚架的支座反力计算	2
		静定单跨梁的反力计算	4
3	轴向拉压杆的强度计算	绘制轴向拉压杆的轴力图	2
		计算轴向拉压杆横截面上的正应力	4
		轴向拉压杆的强度计算	2
		轴向拉压杆的变形计算	2
		金属材料拉伸压缩试验	2
4	梁的弯曲内力与强度计算	绘制梁的剪力图与弯矩图	4
		用叠加法绘制单跨梁的弯矩图	2
		纯弯曲梁横截面上的正应力计算	2
5	连接件与圆轴的强度问题分析	剪切和挤压的实用计算	2
		圆轴的扭转计算	2
6	组合变形构件的强度分析	斜弯曲杆件的强度计算	2
		偏心压缩杆件的强度计算	2
7	细长压杆的稳定性分析	压杆稳定的临界力计算	2
		压杆的稳定计算	2
8	典型静定结构的受力分析	几何不变体系的组成分析	2
		静定多跨梁和静定平面刚架内力图	4
		静定平面桁架的内力计算	4
		三铰拱的内力分析	2
9	移动荷载作用下结构的内力分析	绘制单跨静定梁的反力、内力影响线	2
		结构最不利荷载位置的确定	2
合计			64

(二)课程内容要求(表3)

课程内容要求 表3

<table>
<tr><td colspan="2">学习情境1:结构计算简图与物体受力分析</td><td>参考学时:4</td></tr>
<tr><td colspan="3">学习目标:
1. 会进行工程结构物的力学简化;
2. 会分析物体的受力情况</td></tr>
<tr><td colspan="3">学习内容:
1. 绘制房梁的计算简图;
2. 绘制三铰拱的受力图</td></tr>
<tr><td>教学资源:
1. 讲义、教案、多媒体课件等;
2. 作业、习题等;
3. 工程案例等</td><td colspan="2">对学生基础要求:
1. 具有一定的数学计算能力;
2. 了解土木工程基础知识;
3. 具有一般分析能力</td></tr>
<tr><td colspan="2">学习情境2:静定结构的支座反力计算</td><td>参考学时:12</td></tr>
<tr><td colspan="3">学习目标:
1. 会进行挡土墙倾覆力矩的计算;
2. 会进行三角支架的受力计算;
3. 会进行梁和刚架的受力计算;
4. 会进行三铰刚架的支座反力计算;
5. 会进行静定单跨梁的反力计算</td></tr>
<tr><td colspan="3">学习内容:
1. 挡土墙倾覆力矩的计算;
2. 三角支架的受力计算;
3. 梁和刚架的受力计算;
4. 三铰刚架的支座反力计算;
5. 静定单跨梁的反力计算</td></tr>
<tr><td>教学资源:
1. 讲义、教案、多媒体课件等;
2. 作业、习题等;
3. 工程案例等</td><td colspan="2">对学生基础要求:
1. 具有一定的数学计算能力;
2. 了解土木工程基础知识;
3. 具有一般分析能力</td></tr>
<tr><td colspan="2">学习情境3:轴向拉压杆的强度计算</td><td>参考学时:12</td></tr>
<tr><td colspan="3">学习目标:
1. 会绘制轴向拉压杆的轴力图;
2. 会计算轴向拉压杆横截面上的正应力;
3. 会进行轴向拉压杆的强度计算;
4. 会进行轴向拉压杆的变形计算;
5. 会进行金属材料拉伸压缩试验</td></tr>
<tr><td colspan="3">学习内容:
1. 绘制轴向拉压杆的轴力图;
2. 计算轴向拉压杆横截面上的正应力;
3. 轴向拉压杆的强度计算;
4. 轴向拉压杆的变形计算;
5. 金属材料拉伸压缩试验</td></tr>
</table>

续上表

<table>
<tr><td>学习情境3：轴向拉压杆的强度计算</td><td>参考学时：12</td></tr>
<tr><td>教学资源：
1.讲义、教案、多媒体课件等；
2.作业、习题等；
3.工程案例等</td><td>对学生基础要求：
1.具有一定的数学计算能力；
2.了解土木工程基础知识；
3.具有一般分析能力</td></tr>
<tr><td>学习情境4：梁的弯曲内力与强度计算</td><td>参考学时：8</td></tr>
<tr><td colspan="2">学习目标：
1.会绘制梁的剪力图与弯矩图；
2.会用叠加法绘制单跨梁的弯矩图；
3.会计算纯弯曲梁横截面上的正应力</td></tr>
<tr><td colspan="2">学习内容：
1.绘制梁的剪力图与弯矩图；
2.用叠加法绘制单跨梁的弯矩图；
3.纯弯曲梁横截面上的正应力计算</td></tr>
<tr><td>教学资源：
1.讲义、教案、多媒体课件等；
2.作业、习题等；
3.工程案例等</td><td>对学生基础要求：
1.具有一定的数学计算能力；
2.了解土木工程基础知识；
3.具有一般分析能力</td></tr>
<tr><td>学习情境5：连接件与圆轴的强度问题分析</td><td>参考学时：4</td></tr>
<tr><td colspan="2">学习目标：
1.会进行剪切和挤压的实用计算；
2.会进行圆轴的扭转计算</td></tr>
<tr><td colspan="2">学习内容：
1.剪切和挤压的实用计算；
2.圆轴的扭转计算</td></tr>
<tr><td>教学资源：
1.讲义、教案、多媒体课件等；
2.作业、习题等；
3.工程案例等</td><td>对学生基础要求：
1.具有一定的数学计算能力；
2.了解土木工程基础知识；
3.具有一般分析能力</td></tr>
<tr><td>学习情境6：组合变形构件的强度分析</td><td>参考学时：4</td></tr>
<tr><td colspan="2">学习目标：
1.会进行斜弯曲杆件的强度计算；
2.偏心压缩杆件的强度计算</td></tr>
<tr><td colspan="2">学习内容：
1.斜弯曲杆件的强度计算；
2.偏心压缩杆件的强度计算</td></tr>
<tr><td>教学资源：
1.讲义、教案、多媒体课件等；
2.作业、习题等；
3.工程案例等</td><td>对学生基础要求：
1.具有一定的数学计算能力；
2.了解土木工程基础知识；
3.具有一般分析能力</td></tr>
</table>

续上表

<table>
<tr><td colspan="2">学习情境7:细长压杆的稳定性分析</td><td>参考学时:4</td></tr>
<tr><td colspan="3">学习目标:
1. 会计算压杆稳定的临界力;
2. 会进行压杆的稳定计算</td></tr>
<tr><td colspan="3">学习内容:
1. 压杆稳定的临界力计算;
2. 压杆的稳定计算</td></tr>
<tr><td>教学资源:
1. 讲义、教案、多媒体课件等;
2. 作业、习题等;
3. 工程案例等</td><td colspan="2">对学生基础要求:
1. 具有一定的数学计算能力;
2. 了解土木工程基础知识;
3. 具有一般分析能力</td></tr>
<tr><td colspan="2">学习情境8:典型静定结构的受力分析</td><td>参考学时:12</td></tr>
<tr><td colspan="3">学习目标:
1. 会进行几何不变体系的组成分析;
2. 会绘制静定多跨梁和静定平面刚架内力图;
3. 会进行静定平面桁架的内力计算;
4. 会进行三铰拱的内力分析</td></tr>
<tr><td colspan="3">学习内容:
1. 几何不变体系的组成分析;
2. 静定多跨梁和静定平面刚架内力图;
3. 静定平面桁架的内力计算;
4. 三铰拱的内力分析</td></tr>
<tr><td>教学资源:
1. 讲义、教案、多媒体课件等;
2. 作业、习题等;
3. 工程案例等</td><td colspan="2">对学生基础要求:
1. 具有一定的数学计算能力;
2. 了解土木工程基础知识;
3. 具有一般分析能力</td></tr>
<tr><td colspan="2">学习情境9:移动荷载作用下结构的内力分析</td><td>参考学时:4</td></tr>
<tr><td colspan="3">学习目标:
1. 会绘制单跨静定梁的反力、内力影响线;
2. 能确定结构最不利荷载的位置</td></tr>
<tr><td colspan="3">学习内容:
1. 绘制单跨静定梁的反力、内力影响线;
2. 结构最不利荷载位置的确定</td></tr>
<tr><td>教学资源:
1. 讲义、教案、多媒体课件等;
2. 作业、习题等;
3. 工程案例等</td><td colspan="2">对学生基础要求:
1. 具有一定的数学计算能力;
2. 了解土木工程基础知识;
3. 具有一般分析能力</td></tr>
</table>

六、课程实施建议

(一)教材及参考资源建议

1. 教材

孔七一. 应用力学[M]. 北京:人民交通出版社,2012.

2. 参考书

[1]刘志. 工程力学[M]. 北京:人民交通出版社,2011.

[2]罗竟,邓廷权. 工程力学[M]. 北京:人民交通出版社,2006.

(二)师资条件建议

(1)专任教师:具有高校教师资格证,精通工程力学相关的基本理论与专业知识,具有较强的教科研能力。

(2)兼职教师:具有土木工程及相关专业本科及以上学历,具有中级以上专业技术职称或在职业技能竞赛中获得奖励,具有较强的教学组织能力。

(三)试验实训条件建议

本课程的试验实训条件配置建议如表4所示。

试验实训条件配置建议表 表4

实训室名称	主要设备名称	主要实训项目
道路材料实训室	万能试验机等	金属材料拉伸压缩试验

(四)教学方法建议

针对具体的教学内容和教学过程,总体采用项目教学法。在具体教学方法中,运用任务引导法、案例法、小组协作学习法等多种方法组织教学,以学生为中心"做中学、学中做",让学生人人参与,培养学生团队协作能力和实践动手能力。

(五)教学评价建议

本课程采用过程考核、综合考核等多元性评价,其中过程考核包括学习态度、课程作业等,占课程总成绩的40%,综合考核包括期末考试等,占课程总成绩的60%,全面综合评价学生能力。课程的考核办法如表5所示。

课 程 考 核 表 表5

考核项目		考核方式	比例	
			分项	总体
过程考核	学习态度	根据课堂教学参与情况、课堂回答问题、出勤情况,由教师综合评定学生的学习态度得分	50%	40%
	课程作业	根据学生完成课后作业、任务工单的情况,由教师来评定成绩	50%	
综合考核		结合期末考试、实践考核等综合评定成绩	100%	60%
合计				100%

(课程标准制订人:周园)

附件5:《工程制图与CAD》课程标准

一、课程定位

本课程定位见表1所示。

课程定位表　　表1

课程名称及编号	工程制图与CAD(520103)
课设学期及学时	第1、2学期,共115学时
课程类型	专业基础学习领域
先导课程	
平行课程	土建数学、工程力学、工程测量
后续课程	道路建筑材料试验、路基工程施工、路面工程施工、桥涵工程施工

二、课程性质

本课程是高职类道路桥梁工程技术专业基础学习领域之一,是研究运用正投影法绘制和阅读工程图样,在掌握工程制图的基本知识、基本理论和基本方法的基础上,力求科学地反映当前计算机绘图的方法,培养学生阅读工程图样的能力和运用计算机绘图的能力。

三、课程设计思路

本课程是一门以识读与绘制工程图样为目的,以典型工作任务为逻辑主线开发的项目化课程。以掌握识绘工程图样的技能,由单一到综合、由简单到复杂循序递进的过程,来创建学习情境及其任务,并安排课程的教学顺序。以学习情境为主线,创设工作情境,工作任务穿插情境教学全过程,将图示方法、制图标准和制图技能有机结合,培养学生的实践动手能力。

四、课程目标

通过本课程的学习,引导学生掌握工程制图的基本知识、基本理论和基本方法,培养学生运用国家现行道路工程制图标准,识读与绘制(手工绘图、计算机绘图)工程图样的能力,并培养学生科学的思维方法和创新意识。

(一)知识目标

(1)熟悉道路工程制图国家标准;

(2)掌握绘制和识读工程图样的相关理论知识和技能;

(3)掌握计算机绘图的方法与技巧,应用CAD软件绘制简单的工程图样。

(二)能力目标

(1)会运用道路工程制图国家标准;

(2)能阐述投影的基本理论和作图方法,能根据需要画出相应图样;
(3)能运用作图方法解决空间度量问题和定位问题;
(4)能使用绘图工具画出符合制图标准的工程图;
(5)能用计算机绘制简单的道路施工图;
(6)能识读路桥工程图。

(三)素质目标

(1)培养学生空间几何分析能力及解题能力;
(2)培养学生与人合作的能力;
(3)培养学生自我学习和持续发展的能力;
(4)培养学生形成良好的思维习惯、工作方法和科学态度。

五、课程内容与学习目标

(一)课程内容结构安排

本课程分制图基础知识认知等4个学习情境,下设绘图工具使用等16个工作任务,具体见表2。

课程内容结构安排一览表　　表2

序　号	学习情境	工作任务	参考学时
1	制图基础知识认知	绘图工具使用	2
		制图国家标准入门	2
		几何作图	4
		制图步骤与方法	2
2	画法几何入门	点、直线、平面的投影	12
		基本体投影绘制	10
		组合体投影绘制	12
		轴侧投影绘制	8
		剖面图与断面图绘制	8
		标高投影绘制	4
3	道路工程图识读	道路路线工程图识读	8
		桥梁工程图识读	10
		涵洞工程图识读	6
		隧道工程图识读	8
4	AutoCAD 软件应用	AutoCAD 软件安装	2
		AutoCAD 软件应用	17
合计			115

(二)课程内容要求(表3)

课程内容要求 表3

<table>
<tr><td>学习情境1：制图基础知识认知</td><td>学时:10</td></tr>
<tr><td colspan="2">学习目标：
1. 能正确运用国家道路工程制图相关标准；
2. 能使用绘图工具正确进行几何作图；
3. 熟悉制图的步骤与方法</td></tr>
<tr><td colspan="2">学习内容：
1. 绘图工具使用；
2. 制图国家标准认知；
3. 几何作图；
4. 制图步骤与方法</td></tr>
<tr><td colspan="2">教学方法与策略：
教学方法:1. 任务驱动教学法;2. 小组讨论法; 3. 项目教学法。
策　　略:1. 集中指导;2. 分组学习</td></tr>
<tr><td>教学资源：
讲义、教案、多媒体课件、实训指导书等；
企业资源：
标准图等</td><td>对学生基础要求：
1. 制图动手能力；
2. 制图标准的使用能力；
3. 几何作图技能</td></tr>
<tr><td>学习情境2:画法几何入门</td><td>学时:54</td></tr>
<tr><td colspan="2">学习目标：
1. 能判别出基本体上各棱线、棱面与投影面的相对位置；
2. 能用字母或数字标出其在三视图上的相应投影；
3. 能依据基本体及经切割或相贯的基本体的两面视图,正确补绘其第三面投影；
4. 能依据组合体模型或立体图,绘制其三视图,并标注尺寸；
5. 能运用各种方法(拉伸法、形体分析法、线面分析法及画轴测图法),正确识读组合体三视图；
6. 能正确识绘剖面图、断面图；
7. 能正确绘制标高投影</td></tr>
<tr><td colspan="2">学习内容：
1. 点、直线、平面的投影；
2. 基本体投影绘制；
3. 组合体投影绘制；
4. 轴侧投影绘制；
5. 剖面图与断面图绘制；
6. 标高投影绘制</td></tr>
<tr><td colspan="2">教学方法与策略：
教学方法:1. 任务驱动教学法;2. 小组讨论法; 3. 项目教学法。
策　　略:1. 集中指导;2. 分组学习</td></tr>
<tr><td>教学资源：
讲义、教案、多媒体课件、实训指导书等；
企业资源：
标准图等</td><td>对学生基础要求：
1. 制图动手能力；
2. 制图标准的使用能力；
3. 几何作图技能</td></tr>
</table>

续上表

<table>
<tr><td colspan="2">学习情境3:道路工程图识读</td><td>学时:32</td></tr>
<tr><td colspan="3">学习目标:
1. 能识读道路路线工程图(路线平面图、纵断面图、横断面图);
2. 能识读桥梁工程图、涵洞工程图;
3. 能识读隧道工程图</td></tr>
<tr><td colspan="3">学习内容:
1. 道路路线工程图识读;
2. 桥梁工程图识读;
3. 涵洞工程图识读;
4. 隧道工程图识读</td></tr>
<tr><td colspan="3">教学方法与策略:
教学方法:1. 任务驱动教学法;2. 小组讨论法; 3. 项目教学法。
策　　略:1. 集中指导;2. 分组学习</td></tr>
<tr><td>教学资源:
讲义、教案、多媒体课件、实训指导书等;
企业资源:
标准图等</td><td colspan="2">对学生基础要求:
1. 制图动手能力;
2. 制图标准的使用能力;
3. 几何作图技能</td></tr>
<tr><td colspan="2">学习情境4:AutoCAD软件应用</td><td>学时:19</td></tr>
<tr><td colspan="3">学习目标:
1. 能正确安装AutoCAD软件;
2. 能使用AutoCAD软件绘制道路工程图;
3. 能将AutoCAD软件绘制的图形输出打印</td></tr>
<tr><td colspan="3">学习内容:
1. AutoCAD软件安装;
2. AutoCAD软件应用</td></tr>
<tr><td colspan="3">教学方法与策略:
教学方法:1. 任务驱动教学法;2. 小组讨论法; 3. 项目教学法。
策　　略:1. 集中指导;2. 分组学习</td></tr>
<tr><td>教学资源:
讲义、教案、多媒体课件、实训指导书等;
企业资源:
标准图等</td><td colspan="2">对学生基础要求:
1. 制图动手能力;
2. 制图标准的使用能力;
3. 几何作图技能</td></tr>
</table>

六、课程实施建议

(一)教材及参考资源建议

1. 教材

姚青梅. 道路工程制图与CAD[M]. 北京:科学出版社,2013.

2. 参考书

[1]虎良燕. 道路工程制图与识图[M]. 北京:高等教育出版社,2012.
[2]唐新. 道路工程制图及 CAD [M]. 北京:化学工业出版社,2009.

(二)师资条件建议

(1)专任教师:具有高校教师资格证,精通工程制图与 CAD 的基本理论与专业知识,具有较强的教科研能力。

(2)兼职教师:具有丰富的公路设计工作经验,具有中级以上专业技术职称或在职业技能竞赛中获得奖励,具有较强的教学组织能力。

(三)试验实训条件建议

本课程的试验实训条件配置建议如表 4 所示。

试验实训条件配置建议表 表 4

实训室名称	主要设备名称	主要实训项目
工程软件实训室	计算机、AutoCAD 软件等	计算机绘图实训

(四)教学方法建议

针对具体的教学内容和教学过程,总体采用项目教学法。在具体教学方法中,运用任务引导法、案例法、小组协作学习法等多种方法组织教学,以学生为中心"做中学、学中做",让学生人人参与,培养学生团队协作能力和实践动手能力。

(五)教学评价建议

本课程采用过程考核、综合考核等多元性评价,其中过程考核包括学习态度、课程作业等,占课程总成绩的 40%,综合考核包括期末考试、实践考核等,占课程总成绩的 60%,全面综合评价学生能力。课程的考核办法如表 5 所示。

课 程 考 核 表 表 5

考核项目		考核方式	比例	
			分项	总体
过程考核	学习态度	根据课堂教学参与情况、课堂回答问题、出勤情况,由教师综合评定学生的学习态度得分	50%	40%
	课程作业	根据学生完成课后作业、任务工单的情况、由教师来评定成绩	50%	
综合考核		结合期末考试、实践考核等综合评定成绩	100%	60%
合计				100%

(课程标准制订人:胡云卿)

附件 6:《工程岩土》课程标准

一、课程定位

本课程定位如表 1 所示。

课程定位表 表1

课程名称及编号	工程岩土(520104)
课设学期及学时	第2学期,共85学时
课程类型	专业基础学习领域
先导课程	工程测量、工程力学
平行课程	工程制图与CAD
后续课程	路基工程施工、路面工程施工、桥涵工程施工

二、课程性质

本课程是高职类道路桥梁工程技术专业基础学习领域之一,旨在培养学生地质、土工相关的基本知识、基本理论、基本原理,以及运用国家现行设计与试验规范、规程、标准的能力,为后继专业课程的学习打下基础。

三、课程设计思路

(1)以学会"工作"作为课程的培养目标;

(2)以公路工程建设中工程岩土勘察的内容和过程,安排课程的教学顺序;

(3)按完成公路工程建设中工程岩土勘察所需的知识、技能,组织课程的内容;

(4)构建以学生为"主体"的教学模式,采用"引导文教学法"、"案例教学法"、"项目教学法"组织课程教学,突出对学生职业能力的培养;

(5)通过校企合作、校内实训基地建设等多种途径,搭建教学资源平台,为学生提供多种学习途径;

(6)教学效果评价采取过程评价与结果评价相结合的方式,通过理论与实践相结合,重点评价学生的职业能力。

四、课程目标

(一)知识目标

(1)熟悉常见矿物与岩土的类型;

(2)掌握岩土主要指标的测定方法;

(3)熟悉土中应力、地基沉降、地基承载力及土压力等的计算方法;

(4)熟悉地形地貌、地质构造、水位地质等的类型;

(5)掌握滑坡、崩塌、泥石流等不良地质现象的特征;

(6)掌握道路工程地质勘测报告的基本内容。

(二)能力目标

(1)能辨别常见的岩土,并熟悉其主要工程性质;

(2)能完成常规岩土试验,测定岩土指标;

(3)能评定地基沉降、地基承载力等参数;

(4)能辨认基本的地质构造、地形地貌等的类型；
(5)能判别水文地质条件、不良地质现象等对工程的影响；
(6)能进行道路工程地质勘测和野外记录；
(7)能识读工程地质图。

(三)素质目标

(1)具有可持续发展的能力；
(2)具有团队协作能力；
(3)具有收集和处理信息的能力；
(4)具有获取新知识的能力；
(5)具有综合运用所学知识分析和解决问题的能力；
(6)具有良好的职业道德和敬业精神。

五、课程内容与学习目标

(一)课程内容结构安排

本课程分矿物与岩土识别等 4 个学习情境，下设矿物识别等 15 个工作任务，具体见表 2。

课程内容结构安排一览表　　表 2

序号	学习情境	工作任务	参考学时
1	矿物与岩土识别	矿物识别	2
		岩石识别	8
		土的识别	6
2	工程岩土评价	岩土指标测定	9
		土中应力计算	6
		土的压缩性和沉降计算	6
		土的抗剪强度与地基承载力计算	6
		土压力计算	6
3	工程岩土外业勘察	岩层产状认知	4
		地质构造认知	4
		地形地貌认知	4
		水文地质调查	6
		不良地质现象认知	8
4	工程岩土勘察报告识读	道路工程地质勘测报告书编写	4
		工程地质图识读	6
合计			85

(二)课程内容要求(表3)

课程内容要求　　表3

<table>
<tr><td>学习情境1:矿物与岩土识别</td><td>参考学时:16</td></tr>
<tr><td colspan="2">学习目标:
1. 熟悉常见矿物的基本性质;
2. 掌握三大岩类的矿物成分、结构构造等;
3. 掌握土的成因及分类</td></tr>
<tr><td colspan="2">学习内容:
1. 矿物识别;
2. 岩石识别;
3. 土的识别</td></tr>
<tr><td>教学资源:
1. 讲义、教案、多媒体课件、图片、FLASH 动画等;
2. 试验实训指导书、任务工单等;
3. 规范规程、工程地质手册等</td><td>对学生基础要求:
1. 能查阅工具书等资料;
2. 具有一般分析能力</td></tr>
<tr><td>学习情境2:工程岩土评价</td><td>参考学时:33</td></tr>
<tr><td colspan="2">学习目标:
1. 掌握岩土的物理力学指标的测试手段及方法;
2. 熟悉土中自重应力、附加应力的计算方法;
3. 掌握土压缩性试验及判定方法;
4. 掌握地基沉降、地基承载力、土压力等的计算方法</td></tr>
<tr><td colspan="2">学习内容:
1. 岩土指标测定;
2. 土中应力计算;
3. 土的压缩性和沉降计算;
4. 土的抗剪强度与地基承载力计算;
5. 土压力计算</td></tr>
<tr><td>教学资源:
1. 讲义、教案、多媒体课件、图片、FLASH 动画等;
2. 试验实训指导书、任务工单等;
3. 规范规程、仪器操作手册等</td><td>对学生基础要求:
1. 能查阅规范规程等资料;
2. 具有一般分析能力;
3. 具有一定试验数据处理能力</td></tr>
<tr><td>学习情境3:工程岩土外业勘察</td><td>参考学时:26</td></tr>
<tr><td colspan="2">学习目标:
1. 能识别和描述各种常见岩层及岩层产状;
2. 能识别和描述各种常见地质构造;
3. 能识别和描述各种常见地形地貌;
4. 熟悉地表水与地下水的类型及其对工程的影响;
5. 能识别和描述各种常见不良地质现象</td></tr>
</table>

续上表

<table>
<tr><td>学习情境3:工程岩土外业勘察</td><td>参考学时:26</td></tr>
<tr><td colspan="2">学习内容:
1. 岩层产状认知;
2. 地质构造认知;
3. 地形地貌认知;
4. 水文地质调查;
5. 不良地质现象认知</td></tr>
<tr><td>教学资源:
1. 讲义、教案、多媒体课件、图片、FLASH 动画等;
2. 地质模型、任务工单等;
3. 规范规程等</td><td>对学生基础要求:
1. 能查阅规范规程等资料;
2. 具有一般分析能力</td></tr>
<tr><td>学习情境4:工程岩土勘察报告识读</td><td>参考学时:10</td></tr>
<tr><td>学习目标:
1. 能运用野外勘察资料进行工程地质勘测报告的编制;
2. 能识读工程地质图表</td><td></td></tr>
<tr><td>学习内容:
1. 道路工程地质勘测报告书编写;
2. 工程地质图识读</td><td></td></tr>
<tr><td>教学资源:
1. 讲义、教案、多媒体课件、图片、FLASH 动画等;
2. 试验实训指导书、任务工单等;
3. 工程地质勘测报告、规范规程等</td><td>对学生基础要求:
1. 能查阅规范规程等资料;
2. 具有一定的识图能力;
3. 具有一般分析能力</td></tr>
</table>

六、课程实施建议

(一)教材及参考资源建议

1. 教材

罗筠. 工程岩土[M]. 北京:高等教育出版社,2011.

2. 参考书

[1]张求书. 土质学与土力学[M]. 北京:人民交通出版社,2008.

[2]《工程地质手册》编委会. 工程地质手册[M]. 北京:中国建筑工业出版社,2007.

3. 规范规程

[1]中华人民共和国行业标准. JTG C20—2011　公路工程地质勘察规范[S]. 北京:人民交通出版社,2011.

[2]中华人民共和国行业标准. JTG D63—2007　公路桥涵地基与基础设计规范[S]. 北京:人民交通出版社,2007.

(二)师资条件建议

(1)专任教师:具有高校教师资格证,具有工程勘察等岗位工作经历,精通工程岩土相关的基本理论与专业知识，具有较强的教科研能力。

（2）兼职教师：具有5年以上工程勘察及相关岗位工作经历，有丰富的实际工作经验；具有中级以上专业技术职称或在职业技能竞赛中获得奖励；具有较强的教学组织能力。

（三）试验实训条件建议

本课程的试验实训条件配置建议如表4所示。

试验实训条件配置建议表 表4

实训室名称	主要设备名称	主要实训项目
工程地质实训室	1. 标准矿物标本； 2. 三大岩类标本； 3. 常见地质地貌模型； 4. 地质罗盘仪等	1. 矿物识别； 2. 三大岩类识别； 3. 地质地貌认识； 4. 岩层产状识别
土工实训室	1. 土壤筛、天平等； 2. 环刀、烘箱、铝盒等； 3. 数字式液塑限测定仪等； 4. 土工固结仪、击实仪、直剪仪等	1. 筛分试验； 2. 土的基本物理指标试验； 3. 黏性土液塑限试验； 4. 土的固结试验； 5. 击实试验； 6. 直剪试验

（四）教学方法建议

针对具体的教学内容和教学过程，总体采用项目教学法。在具体教学方法中，运用任务引导法、案例法、小组协作学习法等多种方法组织教学，以学生为中心“做中学、学中做”，让学生人人参与，培养学生团队协作能力和实践动手能力。

（五）教学评价建议

本课程采用过程考核、综合考核等多元性评价，其中过程考核包括学习态度、课程作业等，占课程总成绩的40%，综合考核包括期末考试等，占课程总成绩的60%，全面综合评价学生能力。课程的考核办法如表5所示。

课 程 考 核 表 表5

考核项目		考核方式	比例	
			分项	总体
过程考核	学习态度	根据课堂教学参与情况、课堂回答问题、出勤情况，由教师综合评定学生的学习态度得分	50%	40%
	课程作业	根据学生完成课后作业、任务工单的情况，由教师来评定成绩	50%	
综合考核		结合期末考试、实践考核等综合评定成绩	100%	60%
合计				100%

（课程标准制订人：张春晓）

附件 7:《道路建筑材料试验》课程标准

一、课程定位

本课程定位如表 1 所示。

课 程 定 位 表　　表 1

课程名称及编号	道路建筑材料试验(520105)
课设学期及学时	第 4 学期,共 90 学时
课程类型	专业基础学习领域
先导课程	工程测量、工程岩土、工程力学
平行课程	路基工程施工、公路勘测设计
后续课程	路面工程施工、桥涵工程施工、道路工程检测

二、课程性质

本课程是高职类道路桥梁工程技术专业基础学习领域之一,主要学习道路与建筑用各种材料的性能、检测方法、质量控制和应用。它与毕业生的主要就业岗位——公路试验检测员直接对应,是培养公路工程试验检测员岗位职业能力、知识、素质的重要课程。

三、课程设计思路

本课程以工学结合为突破口,分析专业岗位典型工作任务,确定学习内容。

(1)以职业能力标准为依据制定课程标准,参照“公路工程试验检测员”职业资格标准,制定课程标准及评价方法。

(2)以任务引领课程为基本取向,以“工程材料”和工作情境为载体,设计课程内容。

(3)以学生为中心,活动为过程,设计真实工作环境。以学生经历完整工作过程为基本要求,以校内外实训基地为依托,进行教学活动设计。

(4)在整体教学设计基础上,进行课程的单元(各教学模块)设计。

四、课程目标

(一)知识目标

(1)熟悉常用道路建筑材料的来源、分类、质量要求及基本性质;

(2)掌握道路建筑材料的技术性能及检测评定方法;

(3)熟悉复合材料的组成结构及强度理论;

(4)掌握各种材料的工程应用;

(5)了解新型材料的发展方向,及时跟踪新材料、新技术、新工艺。

(二)能力目标

(1)能根据工程所处的环境及工程的特点,合理选择各种建筑材料;

(2)能识别各类建筑材料的品种、规格;

(3)能正确使用试验检测仪器和设备,规范地进行常用原材料的试验与检测;
(4)能正确地进行试验检测数据的分析与处理;
(5)能对照规范标准,对所检测材料做出正确的结论;
(6)能进行建筑砂浆、无机稳定土、道路混凝土、沥青混合料配制、调整与检测;
(7)能规范使用和操作以上原材料、复合材料检测中所需的各类设备。

(三)素质目标

(1)具有不怕苦、不怕脏的敬业精神;
(2)形成科学、严谨、规范的工作作风;
(3)树立“质量第一”的工程意识;
(4)形成“实事求是”的工作作风;
(5)培养在复杂环境中做事、与人竞争协作的能力。

五、课程内容与学习目标

(一)课程内容结构安排

本课程分砂石材料选用与试验等 9 个学习情境,下设砂石材料选用等 25 个工作任务,具体见表 2。

课程内容结构安排一览表 表 2

序号	学习情境	工作任务	参考学时
1	砂石材料选用与试验	砂石材料选用	4
		细集料性能试验	2
		粗集料性能试验	2
		矿质混合料组成设计	2
2	石灰、水泥选用与试验	石灰选用	4
		水泥选用	6
		水泥性能试验	6
3	建筑钢材选用与试验	建筑钢材选用	4
		建筑钢材性能试验	2
4	沥青材料选用与试验	沥青材料选用	2
		沥青材料性能试验	4
5	建筑砂浆选用与试验	建筑砂浆选用	2
		建筑砂浆配合比设计	4
		建筑砂浆性能试验	2
6	无机结合料稳定材料选用与试验	无机结合料选用	2
		稳定土组成设计	4
		稳定土性能试验	2
7	水泥混凝土选用与试验	水泥混凝土选用	4
		水泥混凝土配合比设计	6
		水泥混凝土性能试验	8

续上表

序　号	学 习 情 境	工 作 任 务	参考学时
8	沥青混合料选用与试验	沥青混合料选用	4
		沥青混合料配合比设计	6
		沥青混合料性能试验	4
9	土工合成材料选用与试验	土工合成材料选用	2
		土工合成材料试验	2
合计			90

(二)课程内容要求(表3)

课 程 内 容 要 求　　表3

<table>
<tr><td>学习情境1:砂石材料选用与试验</td><td>参考学时:10</td></tr>
<tr><td colspan="2">学习目标:
1. 识别石料、粗细集料、矿粉的技术性能;
2. 根据工程实际合理选择砂、石料和配制矿质混合料;
3. 运用级配理论进行矿质混合料的组成设计,并能根据工程具体情况进行调整校核;
4. 进行粗细集料的筛分、表观密度、堆积密度试验,以及粗集料的压碎值、磨耗率及针片状含量试验。</td></tr>
<tr><td colspan="2">学习内容:
1. 砂石材料选用;
2. 细集料性能试验;
3. 粗集料性能试验;
4. 矿质混合料组成设计</td></tr>
<tr><td>教学资源:
1. 讲义、教案、多媒体课件、图片、FLASH 动画等;
2. 实训指导书、任务工单等;
3. 规范规程、工程案例等</td><td>对学生基础要求:
1. 试验操作能力;
2. 数据处理能力;
3. 编制报告能力</td></tr>
<tr><td>学习情境2:石灰、水泥选用与试验</td><td>参考学时:16</td></tr>
<tr><td colspan="2">学习目标:
1. 识别石灰的技术性质、技术标准及其质量等级评定方法;
2. 熟悉各类硅酸盐水泥的技术性质、特性,根据工程实际合理选择水泥品种;
3. 了解其他水泥的特点及工程应用;
4. 进行水泥标准稠度用水量、凝结时间、体积安定性、细度及胶砂强度试验等</td></tr>
<tr><td colspan="2">学习内容:
1. 石灰选用;
2. 水泥选用;
3. 水泥性能试验</td></tr>
<tr><td>教学资源:
1. 讲义、教案、多媒体课件、图片、FLASH 动画等;
2. 实训指导书、任务工单等;
3. 规范规程、工程案例等</td><td>对学生基础要求:
1. 试验操作能力;
2. 数据处理能力;
3. 编制报告能力</td></tr>
</table>

续上表

<table>
<tr><td colspan="2">学习情境3:建筑钢材选用与试验</td><td>参考学时:6</td></tr>
<tr><td colspan="3">学习目标:
1. 熟悉钢材的强度指标、塑性指标等,能合理选择钢材品种;
2. 能规范地进行钢材的力学性能检测(屈服强度、极限强度、伸长率、截面收缩率)与评定;
3. 熟悉软钢、硬钢性能差异及工程应用;
4. 能描述钢材的工艺性能(冷弯性能、焊接性能)与力学性能的关系</td></tr>
<tr><td colspan="3">学习内容:
1. 建筑钢材选用;
2. 建筑钢材性能试验</td></tr>
<tr><td>教学资源:
1. 讲义、教案、多媒体课件、图片、FLASH 动画等;
2. 实训指导书、任务工单等;
3. 规范规程、工程案例等</td><td colspan="2">对学生基础要求:
1. 试验操作能力;
2. 数据处理能力;
3. 编制报告能力</td></tr>
<tr><td colspan="2">学习情境4:沥青材料选用与试验</td><td>参考学时:6</td></tr>
<tr><td colspan="3">学习目标:
1. 熟悉沥青的分类及技术性质,能根据工程实际合理选用沥青品种;
2. 了解沥青运输、储存及其掺配方法;
3. 了解再生沥青、改性沥青的原理、工程应用现状及发展趋势;
4. 能进行沥青针入度、软化点、延度试验等</td></tr>
<tr><td colspan="3">学习内容:
1. 沥青材料选用;
2. 沥青材料性能试验</td></tr>
<tr><td>教学资源:
1. 讲义、教案、多媒体课件、图片、FLASH 动画等;
2. 实训指导书、任务工单等;
3. 规范规程、工程案例等</td><td colspan="2">对学生基础要求:
1. 试验操作能力;
2. 数据处理能力;
3. 编制报告能力</td></tr>
<tr><td colspan="2">学习情境5:建筑砂浆选用与试验</td><td>参考学时:8</td></tr>
<tr><td colspan="3">学习目标:
1. 熟悉砂浆的种类、组成材料及要求;
2. 能根据工程所处环境及特点,选择砂浆的类型;
3. 会根据所给条件或要求,进行砂浆的配制;
4. 能对砂浆性能进行质量检测与评定</td></tr>
<tr><td colspan="3">学习内容:
1. 建筑砂浆选用;
2. 建筑砂浆配合比设计;
3. 建筑砂浆性能试验</td></tr>
<tr><td>教学资源:
1. 讲义、教案、多媒体课件、图片、FLASH 动画等;
2. 实训指导书、任务工单等;
3. 规范规程、工程案例等</td><td colspan="2">对学生基础要求:
1. 试验操作能力;
2. 数据处理能力;
3. 编制报告能力</td></tr>
</table>

续上表

<table>
<tr><td>学习情境6:无机结合料稳定材料选用与试验</td><td>参考学时:8</td></tr>
<tr><td colspan="2">学习目标:
1. 熟悉稳定土材料的组成及性质,根据工程实际合理选择无机结合料;
2. 能进行稳定土组成设计,计算其配合比;
3. 能进行稳定土技术性质的试验检测方法和评定</td></tr>
<tr><td colspan="2">学习内容:
1. 无机结合料选用;
2. 稳定土组成设计;
3. 稳定土性能试验</td></tr>
<tr><td>教学资源:
1. 讲义、教案、多媒体课件、图片、FLASH 动画等;
2. 实训指导书、任务工单等;
3. 规范规程、工程案例等</td><td>对学生基础要求:
1. 试验操作能力;
2. 数据处理能力;
3. 编制报告能力</td></tr>
<tr><td>学习情境7:水泥混凝土选用与试验</td><td>参考学时:18</td></tr>
<tr><td colspan="2">学习目标:
1. 熟悉水泥混凝土的组成及类型,根据工程实际合理选择水泥混凝土类型及强度等级;
2. 进行普通水泥混凝土质量控制,合理选择外加剂和掺合料;
3. 了解其他水泥混凝土的特点及工程应用;
4. 进行普通水泥混凝土组成设计,计算其配合比;
5. 进行水泥混凝土的拌制、工作性的测定和调整,进行凝结时间、混凝土试件成型、抗压及抗折等试验</td></tr>
<tr><td colspan="2">学习内容:
1. 水泥混凝土选用;
2. 水泥混凝土配合比设计;
3. 水泥混凝土性能试验</td></tr>
<tr><td>教学资源:
1. 讲义、教案、多媒体课件、图片、FLASH 动画等;
2. 实训指导书、任务工单等;
3. 规范规程、工程案例等</td><td>对学生基础要求:
1. 试验操作能力;
2. 数据处理能力;
3. 编制报告能力</td></tr>
<tr><td>学习情境8:沥青混合料选用与试验</td><td>参考学时:14</td></tr>
<tr><td colspan="2">学习目标:
1. 熟悉沥青混合料的组成、分类及特点,并掌握其工程应用;
2. 进行热拌沥青混合料的组成设计;
3. 进行沥青混合料的拌和及试件成型,进行沥青混合料密度试验、马歇尔稳定度及流值试验、沥青混合料中沥青含量测定,并评定其质量</td></tr>
<tr><td colspan="2">学习内容:
1. 沥青混合料选用;
2. 沥青混合料配合比设计;
3. 沥青混合料性能试验</td></tr>
</table>

续上表

<table>
<tr><td colspan="2">学习情境8:沥青混合料选用与试验</td><td>参考学时:14</td></tr>
<tr><td>教学资源:
1. 讲义、教案、多媒体课件、图片、FLASH动画等;
2. 实训指导书、任务工单等;
3. 规范规程、工程案例等</td><td colspan="2">对学生基础要求:
1. 试验操作能力;
2. 数据处理能力;
3. 编制报告能力</td></tr>
<tr><td colspan="2">学习情境9:土工合成材料选用与试验</td><td>参考学时:4</td></tr>
<tr><td colspan="3">学习目标:
1. 熟悉土工合成材料的类型及特性,并掌握其工程应用;
2. 进行土工合成材料物理力学性能试验,并评定其质量</td></tr>
<tr><td colspan="3">学习内容:
1. 土工合成材料选用;
2. 土工合成材料试验</td></tr>
<tr><td>教学资源:
1. 讲义、教案、多媒体课件、图片、FLASH动画等;
2. 实训指导书、任务工单等;
3. 规范规程、工程案例等</td><td colspan="2">对学生基础要求:
1. 试验操作能力;
2. 数据处理能力;
3. 编制报告能力</td></tr>
</table>

六、课程实施建议

(一)教材及参考资源建议

1. 教材

陈晓明,周娟. 道路材料[M]. 合肥:合肥工业大学出版社,2013.

2. 参考书

[1]蒋玲. 道路建筑材料[M]. 北京:机械工业出版社,2010.

[2]姜志青. 道路建筑材料[M]. 北京:人民交通出版社,2013.

3. 规范规程

[1]中华人民共和国行业标准. JTG E42—2005 公路工程集料试验规程[S]. 北京:人民交通出版社,2005.

[2]中华人民共和国行业标准. JTG E20—2011 公路工程沥青及沥青混合料试验规程[S]. 北京:人民交通出版社,2011.

[3]中华人民共和国行业标准. JTG E30—2005 公路工程水泥及水泥混凝土试验规程[S]. 北京:人民交通出版社,2005.

[4]中华人民共和国行业标准. JTG E51—2009 公路工程无机结合料稳定材料试验规程[S]. 北京:人民交通出版社,2009.

(二)师资条件建议

(1)专任教师:具有高校教师资格证,具有道路建筑材料试验岗位工作经历,精通道路建筑材料相关的基本理论与专业知识,具有较强的教科研能力。

(2)兼职教师:具有5年以上道路建筑材料试验及相关岗位工作经历,有丰富的实际工作经验;具有中级以上专业技术职称或在职业技能竞赛中获得奖励;具有较强的教学组织能力。

(三)试验实训条件建议

本课程的试验实训条件配置建议如表4所示。

试验实训条件配置建议表 表4

实训室名称	主要设备名称	主要实训项目
道路材料实训室(砂石材料)	砂、石筛、集料压碎值仪、压力机、圆孔筛、台秤、针片状规准仪、石子筛、浸水天平、恒温干燥箱、天平、李氏比重瓶、广口瓶、容积升等	1. 细集料表观密度试验(容量瓶法); 2. 细集料堆积密度与紧装密度试验; 3. 细集料筛分试验; 4. 粗集料表观密度及吸水率试验(网篮法); 5. 粗集料堆积密度、振实密度、捣实密度; 6. 粗集料压碎值试验; 7. 粗集料磨耗试验(洛杉矶法); 8. 粗集料针、片状颗粒含量试验(规准仪法)
道路材料实训室(水泥)	水泥胶砂搅拌机、水泥净浆搅拌机、水泥振实台、水泥雷氏沸煮箱、水泥抗折机、水泥稠度仪、雷氏夹、水泥试件试模、水泥试件恒温恒湿养护箱、水泥细度筛等	1. 石灰有效氧化钙、氧化镁的测定; 2. 水泥细度试验; 3. 水泥标准稠度用水量、凝结时间、安定性试验; 4. 水泥胶砂强度试验
道路材料实训室(水泥混凝土)	坍落筒、捣棒、小铲、木尺、小钢尺、镘刀和钢平板、搅拌机、振动台、压力机或万能试验机、试模、抗折试验装置、劈裂夹具等	1. 混凝土拌和物坍落度试验; 2. 混凝土试件制作及养护方法; 3. 混凝土抗压强度试验
道路材料实训室(无机结合料)	击实筒、多功能自控电动击实仪、电子天平、压力机或万能试验机、试模等	1. 无机结合料稳定材料击实试验; 2. 无机结合料无侧限抗压强度试验
道路材料实训室(沥青材料)	针入度仪、延度仪、软化点仪、电炉、恒温水槽、天平、台秤、烘箱、马歇尔击实仪、马歇尔稳定度仪、沥青混合料搅拌机	1. 沥青针入度试验; 2. 沥青软化点试验; 3. 沥青延度试验; 4. 沥青黏度试验; 5. 沥青混合料试件制作方法(击实法); 6. 沥青混合料马歇尔稳定度试验
道路材料实训室(钢材)	万能材料试验机、钢筋切割机、钢筋焊接设备	1. 钢筋拉伸试验; 2. 钢筋冷弯试验

(四)教学方法建议

针对具体的教学内容和教学过程,总体采用项目教学法。在具体教学方法中,运用任务引导法、案例法、小组协作学习法等多种方法组织教学,以学生为中心"做中学、学中做",让学生人人参与，培养学生团队协作能力和实践动手能力。

（五）教学评价建议

本课程采用过程考核、综合考核等多元性评价，其中过程考核包括学习态度、课程作业等，占课程总成绩的40%，综合考核包括期末考试、实践考核等，占课程总成绩的60%，全面综合评价学生能力。课程的考核办法如表5所示。

课程考核表 表5

考核项目		考核方式	比例	
			分项	总体
过程考核	学习态度	根据课堂教学参与情况、课堂回答问题、出勤情况，由教师综合评定学生的学习态度得分	50%	40%
	课程作业	根据学生完成课后作业、任务工单的情况，由教师来评定成绩	50%	
综合考核		结合期末考试、实践考核等综合评定成绩	100%	60%
合计				100%

（课程标准制订人：刘燕）

附件8：《路基工程施工》课程标准

一、课程定位

本课程定位如表1所示。

课程定位表 表1

课程名称及编号	路基工程施工（520106）
课设学期及学时	第4学期，共72学时
课程类型	专业核心学习领域
先导课程	工程力学、工程测量、工程制图与CAD、工程岩土
平行课程	公路勘测设计、桥涵工程施工、公路沿线设施施工、道路建筑材料试验等
后续课程	路面工程施工、道路工程检测、桥梁现场检测

二、课程性质

本课程是高职类道路桥梁工程技术专业核心学习领域之一，其目标是在具备了路基工程施工的基本知识、基本理论和决策方法的基础上，培养学生路基施工和施工组织的能力，以及运用国家现行施工规范、规程、标准的能力，加强对路基施工新技术、新工艺的应用探讨，促进学生处理实际工程问题的能力和施工组织管理能力的提高。

本课程在专业能力体系中的位置如图1所示。

三、课程设计思路

按照职业岗位和职业能力培养的要求，本课程将学生职业能力培养的基本规律与课程系统化以及学生专业能力、方法能力和社会能力相结合，形成以企业真实生产项目为载体，以项目导向组织教学，以学生为中心，通过教师引导、教学做一体的工学结合教学模式，促进学生知识、技能、素质协调发展。

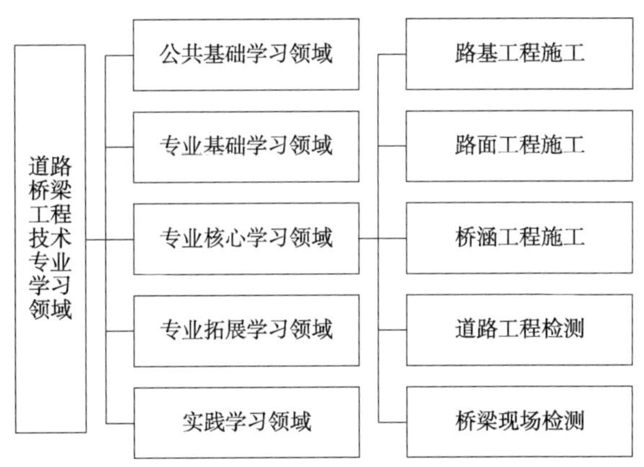

图1　本课程在专业能力体系中的位置

本课程在内容组织与安排上，遵循学生职业能力培养的基本规律，以路基施工过程中真实的工作任务及工作过程为载体，确定主题学习模块，将教学内容按照路基的施工过程与进度进行序化。通过设置相应的学习情境，先教学生"学中做"，然后再教学生"做中学"，并引入相关的现行职业技能资格标准进行对照，真正做到"教、学、做"相结合，理论与实践一体化，实现操作知识与课程理论知识的深度融合。

四、课程目标

（一）知识目标

（1）能说明路基施工中各个阶段的主要施工工艺流程；
（2）能比较各种施工方法的主要特点并进行选择；
（3）能初步把握各个施工过程中的要点并进行控制；
（4）能根据施工技术规范，初步对每道工序的质量进行检查和控制；
（5）能进行常用的路基工程施工计算，以确定施工过程中需要的各种数据；
（6）能了解路基工程的整修与交工验收。

（二）能力目标

（1）能识读并审核路基施工图，编制路基开工报告；
（2）能确定路基施工质量控制指标，进行路基施工放样；
（3）能根据具体工程，编制路基土石方实施性施工组织设计；
（4）能根据路基施工技术规范对路基土石方、排水、防护工程、特殊地基处治施工的每道工序，进行质量检查和控制；
（5）能完成资料整理与归档。

（三）素质目标

（1）具有可持续发展的能力；

(2)具有团队协作能力；
(3)具有收集和处理信息的能力；
(4)具有获取新知识的能力；
(5)具有综合运用所学知识分析和解决问题的能力；
(6)具有良好的职业道德和敬业精神。

五、课程内容与学习目标

(一)课程内容结构安排

本课程有一般路基施工等4个学习情境，下设施工准备等26个工作任务，具体见表2。

课程内容结构安排一览表 表2

序号	学习情境	工作任务	参考学时
1	一般路基施工	施工准备	4
		路基工程施工组织设计	2
		路基试验段的选择与实施	2
		填料的选择	2
		基底处理	2
		土质路堤填筑	4
		填石路堤施工	2
		桥、涵及构筑物的回填	2
		高填方路堤施工	2
		路基压实	2
		挖方路基施工	4
		路基整修	2
		交工验收	2
2	特殊路基施工	软土路基施工	2
		膨胀土地区路基施工	2
		黄土地区路基施工	2
		盐渍土地区路基施工	2
		冻土地区路基施工	2
		滑坡、泥石流地区路基施工	2
		冰害、雪害地区路基施工	2
3	路基排水工程施工	地表排水	4
		地下排水	4
		涵洞施工	2
4	路基防护工程施工	路基坡面防护	4
		路基冲刷防护	4
		路基防滑防护	8
合计			72

（二）课程内容要求（表3）

课 程 内 容 要 求 表3

<table>
<tr><td>学习情境1：一般路基施工</td><td>参考学时:32</td></tr>
<tr><td colspan="2">学习目标：
1. 能独立完成一般路基开工报告；
2. 能进行一般路基施工前的复测工作；
3. 能全面看懂施工图纸并复核工程量；
4. 能编制施工组织设计表；
5. 能识读路基横断面设计图表；
6. 能掌握一般路基施工程序、方法及施工要点；
7. 能独立完成给定的一般路基工程的整修施工；
8. 能组织路基交工验收准备和编制交工验收申请书</td></tr>
<tr><td colspan="2">学习内容：
1. 掌握路基施工准备工作的内容和方法；
2. 了解路基工程施工组织设计的内容；
3. 了解路基施工的试验项目和检测项目；
4. 了解路基填料的性质及应用；
5. 掌握一般基底（地基）的处理方法；
6. 掌握土质、石质路堤填筑施工方法和工艺流程；
7. 熟悉构筑物的回填方法；
8. 了解高填方路堤施工与一般路堤的区别；
9. 掌握路基压实的控制指标和检测方法；
10. 掌握路堑开挖的施工方法和工艺流程；
11. 了解路基整修施工内容与施工方法；
12. 了解交工验收报告的内容与验收程序</td></tr>
<tr><td>教学资源：
1. 讲义、教案、多媒体课件、系统仿真软件、图片、模型、FLASH 动画、规程等；
2. 实训指导书、任务工单等。
企业资源：
施工案例、路基施工技术规范、施工手册等</td><td>对学生基础要求：
1. 具有一般工程制图识图能力；
2. 了解公路基础知识概念；
3. 具有一般分析能力</td></tr>
<tr><td>学习情境2:特殊路基施工</td><td>参考学时:14</td></tr>
<tr><td colspan="2">学习目标：
1. 能根据工程地质条件确定路基处理方法，并能编制特殊路基加固处理的施工流程图；
2. 根据设计图纸，对特殊路基处理的各道施工程序进行质量控制</td></tr>
<tr><td colspan="2">学习内容：
1. 掌握软土的特点、分布、常用的地基加固类型及施工工艺方法；
2. 了解膨胀土的特点、分布、常用的地基加固类型及施工工艺方法；
3. 了解黄土的特点、分布、常用的地基加固类型及施工工艺方法；
4. 了解盐渍土的特点、分布、常用的地基加固类型及施工工艺方法；
5. 了解冻土的特点、分布、常用的地基加固类型及施工工艺方法；
6. 了解泥石流的特点、分布、常用的地基加固类型及施工工艺方法；
7. 了解涎流冰的特点、分布、常用的地基加固类型及施工工艺方法</td></tr>
</table>

续上表

<table>
<tr><td>学习情境 2:特殊路基施工</td><td>参考学时:14</td></tr>
<tr><td>教学资源:
1. 讲义、教案、多媒体课件、系统仿真软件、图片、模型、FLASH 动画、规程等;
2. 实训指导书、任务工单等。
企业资源:
施工案例、路基施工技术规范、施工手册等</td><td>对学生基础要求:
1. 具有一般工程制图识图能力;
2. 了解公路基础知识概念;
3. 具有一般分析能力</td></tr>
<tr><td>学习情境 3: 路基排水工程施工</td><td>参考学时:10</td></tr>
<tr><td colspan="2">学习目标:
1. 能根据具体情况,选用合理的排水设施;
2. 能识读路基排水设施结构图</td></tr>
<tr><td colspan="2">学习内容:
1. 了解路基排水设施的类型和构造;
2. 掌握路基排水设施的施工工艺</td></tr>
<tr><td>教学资源:
1. 讲义、教案、多媒体课件、系统仿真软件、图片、模型、FLASH 动画、规程等;
2. 实训指导书、任务工单等。
企业资源:
施工案例、路基施工技术规范、施工手册等</td><td>对学生基础要求:
1. 具有一般工程制图识图能力;
2. 了解公路基础知识概念;
3. 具有一般分析能力</td></tr>
<tr><td>学习情境 4: 路基防护工程施工</td><td>参考学时:16</td></tr>
<tr><td colspan="2">学习目标:
1. 能根据具体情况,选用合理的边坡防护设施;
2. 能识读边坡各类防护结构图;
3. 能编制各类防护施工流程图</td></tr>
<tr><td colspan="2">学习内容:
1. 掌握各类坡面防护的构造、施工方法和施工要点;
2. 掌握各类冲刷防护的构造、施工方法和施工要点;
3. 掌握各类防滑防护的构造、施工方法和施工要点</td></tr>
<tr><td>教学资源:
1. 讲义、教案、多媒体课件、系统仿真软件、图片、模型、FLASH 动画、规程等。
2. 实训指导书、任务工单等。
企业资源:
施工案例、路基施工技术规范、施工手册等</td><td>对学生基础要求:
1. 具有一般工程制图识图能力;
2. 了解公路基础知识概念;
3. 具有一般分析能力</td></tr>
</table>

六、课程实施建议

(一)教材及参考资源建议

1. 教材

周娟. 路基工程施工[M]. 北京:人民交通出版社,2015.

2. 参考书

[1]罗竟,邓廷权.路基工程现场施工技术[M].北京:人民交通出版社,2006.

[2]刘吉士,阎洪河.公路路基施工技术[M].北京:人民交通出版社,2003.

[3]于国峰.路基工程施工[M].北京:人民交通出版社,2009.

[4]俞高明.公路施工技术[M].北京:人民交通出版社,2002.

3. 规范规程

[1]中华人民共和国行业标准. JTG F10—2006　公路路基施工技术规范[S].北京:人民交通出版社,2006.

[2]中华人民共和国行业标准. JTG TF50—2011　公路桥涵施工技术规范[S].北京:人民交通出版社,2011.

[3]中华人民共和国行业标准. JTG F80/1—2004　公路工程质量检验评定标准[S].北京:人民交通出版社,2004.

[4]中华人民共和国行业标准. JTG E60—2008　公路路基路面现场测试规程[S].北京:人民交通出版社,2008.

4. 课程网站

http://elearn.jxjtxy.com/eol/homepage/course/layout/page/index.jsp? courseId=10658.

(二)师资条件建议

(1)专任教师:具有高校教师资格证,具有公路建设施工管理岗位工作经历,精通公路工程施工相关的基本理论与专业知识;具有较强的教科研能力。

(2)兼职教师:具有5年以上公路建设施工管理及相关岗位工作经历,有丰富的实际工作经验;具有中级以上专业技术职称或在职业技能竞赛中获得奖励;具有较强的教学组织能力。

(三)试验实训条件建议

本课程的试验实训条件配置建议如表4所示。

试验实训条件配置建议表　　表4

实训室名称	主要设备名称	主要实训项目
路桥园综合实训基地	设计文件、图纸	路基施工准备实训
	一般路基(路堤)展示段	一般路基(路堤)施工实训
	一般路基(路堑)展示段	一般路基(路堑)施工实训
	一般路基交工验收资料	路基整修与交工验收实训
	特殊路基施工处理材料	特殊路基施工实训
	边沟、涵洞等路基排水设施	路基排水工程施工实训
	挡土墙、草皮护坡、浆砌片石等边坡防护设施	路基防护工程施工实训

(四)教学方法建议

针对具体的教学内容和教学过程,总体采用项目教学法。在具体教学方法中,运用任务引导法、案例法、小组协作学习法等多种方法组织教学,以学生为中心,“做中学、学中做”,让学生人人参与,培养学生团队协作能力和实践动手能力。

(五)教学评价建议

本课程采用过程考核、综合考核等多元性评价,其中过程考核包括学习态度、课程作业等,占课程总成绩的40%,综合考核包括期末考试等,占课程总成绩的60%,全面综合评价学生能力。课程的考核办法如表5所示。

课程考核表 表5

考核项目		考核方式	比例	
			分项	总体
过程考核	学习态度	根据课堂教学参与情况、课堂回答问题、出勤情况,由教师综合评定学生的学习态度得分	50%	40%
	课程作业	根据学生完成课后作业、任务工单的情况,由教师来评定成绩	50%	
综合考核		结合期末考试、实践考核等综合评定成绩	100%	60%
合计				100%

(课程标准制订人:周娟)

附件9:《路面工程施工》课程标准

一、课程定位

本课程定位如表1所示。

课程定位表 表1

课程名称及编号	路面工程施工(510107)
课设学期及学时	第5学期,共64学时
课程类型	专业核心学习领域
先导课程	道路建筑材料试验、公路勘测设计、路基工程施工
平行课程	道路工程检测、公路沿线设施检测、桥梁现场检测
后续课程	工程监理、公路养护与管理

二、课程性质

本课程是高职类道路桥梁工程技术专业核心学习领域之一,其目标是在掌握路面施工的基本知识、基本理论和决策方法的基础上,力求科学地反映当前路面施工新工艺、新技术,培养学生解决路面工程施工问题的能力,以及运用国家现行的沥青路面和水泥混凝土路面工程相关施工规范、规程、标准的能力,加强对路面工程施工实际应用的探讨,促进学生提高处理实际工程问题的能力。

三、课程设计的思路

以学会"工作"作为课程的培养目标,以路面施工的过程安排课程的教学顺序,按完成路面施工所需的知识、技能组织课程的内容;构建以学生为"主体"的教学模式,采用"项目教学法"组织课程教学,突出对学生职业能力的培养;通过校企合作,校内实训基地建设等多种途径，搭建教学资源平台，为学生提供多种学习途径；教学效果评价采取过程评价与结果评价相结合的方式，通过理论与实践相结合，重点评价学生的职业能力。

四、课程目标

（一）知识目标

（1）能运用公路施工的基本知识分析，施工现场的施工内容；
（2）能运用并分析各项施工技术，并根据不同的施工环境，确定最佳的施工方法；
（3）能正确判断各类机械的性能，并能合理配置机械；
（4）能将各项施工技术灵活运用到路面工程的各分项工程中；
（5）能够运用公路施工的基本知识，解决工程中相关的技术问题。

（二）能力目标

（1）能绘制和识读公路路面结构图；
（2）能比较各种施工方法的主要特点并进行选择；
（3）能叙述路面工程施工中各个阶段的主要施工工艺流程；
（4）能进行常用的施工计算，确定施工过程中需要的各种数据；
（5）能说明各个施工过程中的要点并进行控制；
（6）能根据施工技术规范对每道工序的成品质量进行检验。

（三）素质目标

（1）具有观察分析问题、及时解决问题的能力；
（2）具有团队协作意识与创新精神；
（3）具有施工逻辑分析能力；
（4）具有自主学习的能力；
（5）具有吃苦耐劳的品质；
（6）具有良好的职业道德和敬业精神。

五、课程内容与学习目标

（一）课程内容结构安排

本课程分路面设计与识图等5个学习情境，下设路面结构组成及要求认知等23个工作任务，具体见表2。

课程内容结构安排一览表 表2

序号	学习情境	工作任务	参考学时
1	路面设计与识图	路面结构组成及要求认知	12
		路面设计资料准备	
		沥青路面结构图设计	
		水泥混凝土路面结构图设计	

续上表

序号	学习情境	工作任务	参考学时
2	路面施工准备	路面施工准备认知	8
		路面主要施工机械设备选型	
		路面施工测量放样	
		试验路段铺筑	
3	基层和垫层施工	无机结合料稳定类与砂石类结构层认知	10
		水泥稳定类结构层施工	
		二灰稳定类结构层施工	
		石灰稳定类结构层施工	
		级配碎（砾）石结构层施工	
4	沥青路面施工	沥青类结构层认知	18
		沥青类结构层原材料选择	
		热拌沥青混合料结构层施工	
		沥青贯入式结构层施工	
		沥青表面处治与功能层施工	
5	水泥混凝土路面施工	水泥混凝土路面结构认知	16
		水泥混凝土组成材料准备	
		水泥混凝土拌和物的搅拌与运输	
		水泥混凝土路面施工方式的选择	
		水泥混凝土面层的铺筑	
合计			64

（二）课程内容要求（表3）

课 程 内 容 要 求　　表3

<table>
<tr><td>学习情境1：路面设计与识图</td><td>学时:12</td></tr>
<tr><td colspan="2">学习目标：
1. 能正确选用面层、基层和垫层的类型；
2. 能根据具体条件选择路面结构形式；
3. 能识读路面结构设计图表；
4. 会计算和复核路面工程数量</td></tr>
<tr><td colspan="2">学习内容：
1. 公路路面工程的结构组成、路拱形式及路面类型；
2. 公路路面设计应收集的资料及分析、处理的方法；
3. 公路沥青路面、水泥混凝土路面设计的基本原理、依据、内容和方法；
4. 常用水泥混凝土、沥青路面结构图的绘制</td></tr>
<tr><td>教学资源：
1. 讲义、教案、多媒体课件、系统仿真软件、图片、模型、FLASH 动画等；
2. 实训指导书、任务工单等；
3. 设计案例、沥青路面和水泥混凝土路面的设计规范等</td><td>对学生基础要求：
能够认知公路路面结构组成，熟悉路面结构设计应收集的资料，知道路面结构设计的原理和方法，熟悉路面结构设计的流程，熟悉路面结构设计图的组成内容，熟悉路面工程数量的计算方法</td></tr>
</table>

续上表

<table>
<tr><td colspan="2">学习情境2:路面施工准备</td><td>学时:8</td></tr>
<tr><td colspan="3">学习目标:
1. 知道路面施工准备工作的内容;
2. 认知路面主要施工机械的种类和特性;
3. 会恢复公路中线,能对路面边线和高程进行施工放样测量;
4. 知道路面试验路段铺筑的目的和要求</td></tr>
<tr><td colspan="3">学习内容:
1. 路面施工准备工作的内容;
2. 认知路面主要施工机械的种类和特性;
3. 路面施工的测量放样;
4. 试验路的铺筑</td></tr>
<tr><td>教学资源:
1. 讲义、教案、多媒体课件、系统仿真软件、图片、模型、FLASH 动画等;
2. 实训指导书、任务工单等;
3. 施工案例、施工手册和规范等</td><td colspan="2">对学生基础要求:
熟悉组织准备、技术准备、施工现场准备和材料准备的知识要点;能够进行路面施工测量放样,熟悉路面混合料拌和厂(场、站)的设置要求;参观路面试验路段,了解铺筑目的和要求</td></tr>
<tr><td colspan="2">学习情境3:基层和垫层施工</td><td>学时:10</td></tr>
<tr><td colspan="3">学习目标:
1. 知道常用无机结合料稳定类结构层和砂石类结构层的类型、特性及其应用;
2. 知道常用无机结合料稳定类结构层和砂石类结构层原材料及其混合料的技术要求;
3. 能正确叙述无机结合料稳定类结构层和砂石类结构层的施工工艺流程;
4. 了解无机结合料稳定类结构层和砂石类结构层的施工技术要点;
5. 能结合现行技术规范及工程案例,正确进行相关施工记录和计算;
6. 掌握基层和垫层施工质量检验方法</td></tr>
<tr><td colspan="3">学习内容:
1. 无机结合料稳定类与砂石类结构层的定义和结构组成;
2. 水泥稳定类结构层的施工方法和内容;
3. 二灰稳定类结构层的施工方法和内容;
4. 石灰稳定类结构层的施工方法和内容;
5. 级配碎(砾)石结构层的施工方法和内容</td></tr>
<tr><td>教学资源:
1. 讲义、教案、多媒体课件、系统仿真软件、图片、模型、FLASH 动画等;
2. 实训指导书、任务工单等;
3. 施工案例、公路路面基层有关的施工技术规范、施工手册等</td><td colspan="2">对学生基础要求:
认知常用基层和垫层的类型、特性,熟悉基层和垫层原材料及其混合料的技术要求,熟悉基层和垫层的施工工艺流程,熟悉基层和垫层的施工要点及注意事项</td></tr>
</table>

续上表

<table>
<tr><td colspan="2">学习情境4：沥青路面施工</td><td>学时:18</td></tr>
<tr><td colspan="3">学习目标：
1. 了解常用沥青类面层的类型、特性及其应用；
2. 了解常用沥青类结构层原材料及其混合料的技术要求；
3. 能正确叙述热拌沥青混合料结构层的施工工艺流程；
4. 知道热拌沥青混合料结构层的施工技术要点；
5. 能结合现行技术规范及工程案例，正确进行相关的施工记录与计算，分析热拌沥青混合料结构层各施工环节中可能存在的质量问题，并提出解决方法；
6. 能正确叙述沥青贯入式结构层、沥青表面处治与封层的施工工艺流程；
7. 掌握沥青贯入式结构层、沥青表面处治与封层的施工技术要点；
8. 掌握沥青类面层施工质量检验方法</td></tr>
<tr><td colspan="3">学习内容：
1. 沥青类结构层的定义和结构组成；
2. 沥青类结构层原材料；
3. 热拌沥青混合料结构层的施工方法和内容；
4. 沥青贯入式结构层的施工方法和内容；
5. 沥青表面处治与功能层的施工方法和内容</td></tr>
<tr><td>教学资源：
1. 讲义、教案、多媒体课件、实训指导书、任务工单、系统仿真软件、图片、模型、FLASH 动画等；
2. 实训指导书、任务工单等；
3. 施工案例、公路沥青路面有关的施工技术规范、施工手册等</td><td colspan="2">对学生基础要求：
认知沥青路面结构层，具备读懂沥青路面结构设计图纸的能力；了解沥青路面的类型、特性；认识沥青面层常见的病害</td></tr>
<tr><td colspan="2">学习情境5：水泥混凝土路面施工</td><td>学时:16</td></tr>
<tr><td colspan="3">学习目标：
1. 了解水泥混凝土面层的特性、破损类型及其影响因素；
2. 了解水泥混凝土面层原材料及其混凝土的技术要求；
3. 能合理选择水泥混凝土路面的施工方式，熟悉施工流程；
4. 会选择施工机械并能确定施工机械数量；
5. 掌握水泥混凝土路面工程施工要点；
6. 掌握水泥混凝土路面的施工质量检验方法</td></tr>
<tr><td colspan="3">学习内容：
1. 水泥混凝土路面的定义和结构组成；
2. 水泥混凝土组成材料；
3. 水泥混凝土拌和物的搅拌与运输；
4. 水泥混凝土路面的施工方式；
5. 水泥混凝土面层的铺筑方法和内容</td></tr>
<tr><td>教学资源：
1. 讲义、教案、多媒体课件、实训指导书、任务工单、系统仿真软件、图片、模型、FLASH 动画等；
2. 实训指导书、任务工单等；
3. 施工案例、公路水泥混凝土路面有关的施工技术规范、施工手册等</td><td colspan="2">对学生基础要求：
认知水泥混凝土路面结构层，具备读懂水泥混凝土路面结构设计图纸的能力；了解水泥混凝土路面的类型、特性；认识水泥混凝土面层常见的破损现象；了解水泥混凝土作为面层使用的知识要点</td></tr>
</table>

六、课程实施建议

(一)教材及参考资源建议

1. 教材

朱学坤,蔡龙成. 路面工程施工[M]. 北京:人民交通出版社股份有限公司,2015.

2. 参考书

[1]徐忠阳. 路面工程技术[M]. 北京:人民交通出版社,2014.

[2]夏连学. 路面施工技术[M]. 北京:人民交通出版社,2011.

3. 规范规程

[1]中华人民共和国行业标准. JTG B01—2014 公路工程技术标准[S]. 北京:人民交通出版社股份有限公司,2015.

[2]中华人民共和国行业标准. JTG D40—2011 公路水泥混凝土路面设计规范[S]. 北京:人民交通出版社,2011.

[3]中华人民共和国行业标准. JTG D50—2006 公路沥青路面设计规范[S]. 北京:人民交通出版社,2006.

[4]中华人民共和国行业标准. JTJ 034—2000 公路路面基层施工技术规范[S]. 北京:人民交通出版社,2000.

[5]中华人民共和国行业标准. JTG F30—2003 公路水泥混凝土路面施工技术规范[S]. 北京:人民交通出版社,2003.

[6]中华人民共和国行业标准. JTG F40—2004 公路沥青路面施工技术规范[S]. 北京:人民交通出版社,2004.

[7]中华人民共和国行业标准. JTG F80/1—2004 公路工程质量检验评定标准[S]. 北京:人民交通出版社,2005.

4. 课程网站

http://lelearn. jxjtxy. com/eol/homepage/course/layout/page/index. jsp? courseld = 10995.

(二)师资条件建议

(1)专任教师:具有高校教师资格证,具有公路建设施工管理岗位工作经历,掌握公路工程施工相关的基本理论与专业知识,具有较强的教科研能力。

(2)兼职教师:具有5年以上公路建设施工管理及相关岗位工作经历,有丰富的实际工作经验;具有中级以上专业技术职称或在职业技能竞赛中获得奖励;具有较强的教学组织能力。

(三)试验实训条件建议

本课程的试验实训条件配置建议如表4所示。

(四)教学方法建议

针对具体的教学内容和教学过程,总体采用项目教学法。在具体教学方法中,运用任务引导法、案例法、小组协作学习法等多种方法组织教学,以学生为中心,“做中学、学中做”,让学生人人参与,培养学生团队协作能力和实践动手能力。

试验实训条件配置建议表 表4

实训室设备	主要设备名称	主要实训项目
江西省交通规划勘察设计院	设计文件、图纸	路面施工准备实训
路桥园综合实训基地	基层和垫层展示段	基层和垫层施工实训
	沥青路面展示段	沥青路面施工实训
	水泥混凝土路面展示段	水泥混凝土路面施工实训

(五)教学评价建议

本课程采用过程考核、综合考核等多元性评价,其中过程考核包括学习态度、课程作业等,占课程总成绩的40%,综合考核包括期末考试等,占课程总成绩的60%,全面综合评价学生能力。课程的考核办法如表5所示。

课 程 考 核 表 表5

考核项目		考核方式	比例	
			分项	总体
过程考核	学习态度	根据学生课堂教学参与情况、课堂回答问题、出勤情况,由教师综合评定学习态度得分	50%	40%
	课程作业	根据学生完成课后作业、任务工单的情况,由教师来评定课程作业成绩	50%	
综合考核		结合期末考试、实践考核等综合评定成绩	100%	60%
合计				100%

(课程标准制订人:朱学坤)

附件10:《桥涵工程施工》课程标准

一、课程定位

本课程定位如表1所示。

课 程 定 位 表 表1

课程名称及编号	桥涵工程施工(520108)
课设学期及学时	第4、5学期,共170学时
课程类型	专业核心学习领域
先导课程	工程力学、工程测量、工程制图与CAD、工程岩土
平行课程	路基工程施工、路面工程施工、公路勘测设计
后续课程	工程监理、工程招投标与工程造价、毕业顶岗实习

二、课程性质

本课程是高职类道路桥梁工程技术等专业核心学习领域之一,主要实现专业培养目标中认识常见桥梁构造，进行桥梁施工、检测和管理的职业能力，同时培养学生诚实、守信、善于沟通和合作的品质，为发展职业能力奠定良好的基础。学生学习本课程和后续相关课程后，可参加社会职业资格考试，如二级建造师等考试，获取相应的资格证书。

三、课程设计思路

本课程以桥梁施工项目为载体和切入点创设学习情境，以培养学生的职业综合能力设定教学目标，以桥梁施工职业行动领域真实、典型的工作任务构建教学内容；以校内双师型教师和企业兼职教师为主导，以与行业企业共建教学环境为平台，与行业企业专家合作进行基于工作过程系统化的课程开发与设计。

该课程以校内外合作企业、专业资源库及在建工程项目为依托，集合各种资源（图片、视频、动画、课件、网络课程），使资源实用于教师的课堂教学、施工现场教学、学生分组讨论及自主学习等，采用多种现代化教学手段结合先进教学方法，教学过程中采用项目任务实作 + 施工现场教学 + 课堂技能提升等形式，专兼职教师配合引导，实现"做"中"教、学"，学生分小组完成项目实作，教师逐渐淡化出教的主体地位，将学生"学与做"的主权返还。学生在基于工作过程的项目实践中学习知识与技能，在学习中不断累积经验并反馈到工作实践中进行校验，从而使学生扎实掌握桥梁下部结构施工技术，增强学生自主学习的能力，在就业前为培养学生的企业精神、合作精神、吃苦精神打下基础，真正实现与公路建设行业人才需求的无缝对接。

四、课程目标

（一）知识目标

（1）能进行施工现场准备及施工测量放样；

（2）能认识桥梁及涵洞的施工图，学会混凝土、钢筋的基本操作，会对模板、支架、拱架进行合理选用和装卸；

（3）能认识桥涵基础及涵洞的施工图，会进行桥梁基础的施工；

（4）能认识桥梁墩台的构造和施工图，会进行桥梁墩台的施工；

（5）能认识涵洞施工图，会进行涵洞施工；

（6）能认识梁桥的构造和施工图，会进行梁桥和刚架桥的施工；

（7）能认识钢筋混凝土拱桥的构造和施工图，会进行钢筋混凝土拱桥的施工；

（8）能认识桥面系及附属工程的构造和施工图，会进行桥面系及附属工程的施工。

（二）能力目标

（1）能根据施工设计图进行图纸复核和工程量核算；

（2）能根据施工设计图进行材料的准备与检验；

（3）能进行施工前的准备和施工方案的拟订；

（4）能进行施工前的桥位控制测量；

（5）能有组织地完成桥梁的施工和管理；

（6）能处理桥梁施工中的关键技术，能对施工事故提出处理方案；

(7)能填写施工中的相关资料；
(8)能进行桥梁质量检验评定。

(三)素质目标

(1)培养良好的职业道德,包括爱岗敬业、诚实守信、遵守相关的法律法规等；
(2)培养良好的团队协作意识,具有协调人际关系的能力；
(3)培养收集和处理信息的能力；
(4)培养综合运用所学知识分析和解决问题的能力；
(5)培养学生独立思考、耐心细致、勇于实践、积极探索新知识新技能的学习能力和创新能力。

五、课程内容与学习目标

(一)课程内容结构安排

本课程设桥涵施工准备等8个学习情境,下设桥涵施工场地布置等30个工作任务,具体见表2。

课程内容结构安排一览表 表2

序号	学习情境	工作任务	参考学时
1	桥涵施工准备	桥涵施工场地布置	16
		桥涵施工设备与材料准备	
		桥涵施工放样	
2	桥涵基础施工	浅基础施工	28
		桩基础施工	
		沉井施工	
3	桥涵墩台施工	认识桥墩	10
		认识桥台	
		桥涵墩台施工	
4	涵洞施工	认识涵洞	16
		涵洞的施工	
5	梁桥施工	认识梁桥	50
		有支架及逐孔施工	
		预制装配施工	
		移动模架施工	
		顶推施工	
		悬臂施工	
6	拱桥施工	认识拱桥	20
		有支架施工	
		装配式施工	
		转体施工	
		钢管混凝土拱桥施工	

续上表

序号	学习情境	工作任务	参考学时
7	桥面系及附属工程施工	桥面铺装施工	10
		桥面排水防水施工	
		伸缩缝施工	
		支座施工	
		附属设施施工	
		梁间铰接缝施工	
8	其他体系桥梁施工	斜拉桥施工	18
		悬索桥施工	
机动			2
合计			170

(二)课程内容要求(表3)

课程内容要求 表3

<table>
<tr><td colspan="2">学习情境1:桥涵施工准备</td><td>学时:16</td></tr>
<tr><td colspan="3">学习目标:
1. 熟悉桥涵施工场地布置;
2. 熟悉常用机械设备;
3. 会应用桥梁施工设计图,结合桥位附近的地形进行桥梁施工控制网点的布设;
4. 会应用相关的测量仪器,结合桥梁施工设计图进行桥位施工放样;
5. 会对模板、支架、拱架进行合理选用和装卸;
6. 会准备和检验桥涵施工材料,熟悉混凝土配合比设计;
7. 掌握混凝土、钢筋和砌体的施工;
8. 熟悉预应力设备的检测和千斤顶的标定</td></tr>
<tr><td colspan="3">学习内容:
1. 桥涵施工前的场地布置;
2. 混凝土材料的质检和施工;
3. 钢筋的质检与施工;
4. 支架和模板的准备与安装;
5. 桥涵施工机械设备的准备与检查;
6. 桥涵施工测量放样</td></tr>
<tr><td colspan="3">教学方法与策略:
教学方法:1. 任务驱动教学法;2. 小组讨论法;3. 角色扮演法;4. 项目教学法。
策　　略:1. 集中指导;2. 分组学习</td></tr>
<tr><td>教学资源:
讲义、教案、多媒体课件、实训指导书、任务工单、图片、模型、FLASH 动画、规程等;
企业资源:
施工设计图、施工案例、施工技术手册等</td><td colspan="2">对学生基础要求:
1. 具备工程绘图识图的基本能力;
2. 具备工程结构辨识的基本能力</td></tr>
</table>

续上表

<table>
<tr><td>学习情境2:桥涵基础施工</td><td>学时:28</td></tr>
<tr><td colspan="2">学习目标:
1. 掌握旱地浅基础的施工流程;
2. 能进行旱地基坑的开挖、围护和排水;
3. 熟悉围堰的施工;
4. 能进行浅基础的检验和验收;
5. 能进行护筒的埋设和钻架的就位;
6. 能进行泥浆配置和性能的检验;
7. 能合理选择钻机及控制钻进速度;
8. 能进行钻孔的验收;
9. 熟悉钻孔缺陷的种类,了解其发生的原因和处理的方法;
10. 熟悉钻渣排除的方法;
11. 掌握钢筋笼的制作、验收和接长施工;
12. 掌握水下混凝土的灌注;
13. 熟悉钻孔灌注桩的验收;
14. 认知沉井的分类和构造;
15. 熟悉沉井施工;
16. 了解沉井下沉的方法和下沉障碍的排除</td></tr>
<tr><td colspan="2">学习内容:
1. 浅基础的施工;
2. 桩基础施工;
3. 沉井基础施工</td></tr>
<tr><td colspan="2">教学方法与策略:
教学方法:1. 任务驱动教学法;2. 小组讨论法;3. 角色扮演法;4. 项目教学法。
策　　略:1. 集中指导;2. 分组学习</td></tr>
<tr><td>教学资源:
讲义、教案、多媒体课件、实训指导书、任务工单、图片、模型、FLASH 动画、规程等;
企业资源:
施工设计图、施工案例、施工技术手册等</td><td>对学生基础要求:
1. 具备工程识图的基本能力;
2. 具备工程结构辨识的基本能力;
3. 具备工程测量和材料试验检测能力</td></tr>
<tr><td>学习情境3:桥涵墩台施工</td><td>学时:10</td></tr>
<tr><td colspan="2">学习目标:
1. 能识读桥涵墩台的类型、构造和施工设计图;
2. 掌握钢筋混凝土墩台的施工;
3. 熟悉石砌墩台的施工;
4. 了解高桥墩滑模施工</td></tr>
<tr><td colspan="2">学习内容:
1. 桥墩构造和设计图纸识读;
2. 桥台构造和设计图纸识读;
3. 桥涵墩台施工</td></tr>
</table>

续上表

学习情境3:桥涵墩台施工	学时:10
教学方法与策略: 教学方法:1. 任务驱动教学法;2. 小组讨论法;3. 角色扮演法;4. 项目教学法。 策　　略:1. 集中指导;2. 分组学习	
教学资源: 讲义、教案、多媒体课件、实训指导书、任务工单、图片、模型、FLASH 动画、规程等; 企业资源: 施工设计图、施工案例、施工技术手册等	对学生基础要求: 1. 具备工程识图的基本能力; 2. 具备工程结构辨识的基本能力; 3. 具备工程测量和材料试验检测能力
学习情境4:涵洞施工	学时:16
学习目标: 1. 熟悉涵洞的分类、构造、施工设计图和工程量的复核; 2. 熟悉山坡涵洞和斜交斜做涵洞的构造特点; 3. 能进行圆管涵洞、盖板涵洞、拱涵和箱涵等的施工组织与管理	
学习内容: 1. 涵洞认知; 2. 涵洞的施工	
教学方法与策略: 教学方法:1. 任务驱动教学法;2. 小组讨论法;3. 角色扮演法;4. 项目教学法。 策　　略:1. 集中指导;2. 分组学习	
教学资源: 讲义、教案、多媒体课件、实训指导书、任务工单、图片、模型、FLASH 动画、规程等; 企业资源: 施工设计图、施工案例、施工技术手册等	对学生基础要求: 1. 具备工程识图的基本能力; 2. 具备工程结构辨识的基本能力; 3. 具备工程测量和材料试验检测能力
学习情境5:梁桥施工	学时:50
学习目标: 1. 能识读简支(板)梁桥的分类、构造; 2. 能根据梁桥施工设计图进行工程量复核; 3. 能按照规范,进行梁桥有支架施工、预制装配施工、悬臂施工等的组织与管理	
学习内容: 1. 梁桥识读; 2. 有支架及逐孔施工; 3. 预制装配施工; 4. 移动模架施工; 5. 顶推施工; 6. 悬臂施工	
教学方法与策略: 教学方法:1. 任务驱动教学法;2. 小组讨论法;3. 角色扮演法;4. 项目教学法。 策　　略:1. 集中指导;2. 分组学习	

续上表

<table>
<tr><td>学习情境5:梁桥施工</td><td>学时:50</td></tr>
<tr><td>教学资源:
讲义、教案、多媒体课件、实训指导书、任务工单、图片、模型、FLASH动画、规程等;
企业资源:
施工设计图、施工案例、施工技术手册等</td><td>对学生基础要求:
1. 具备工程识图的基本能力;
2. 具备工程结构辨识的基本能力;
3. 具备工程测量和材料试验检测能力</td></tr>
<tr><td>学习情境6:拱桥施工</td><td>学时:20</td></tr>
<tr><td colspan="2">学习目标:
1. 能识读拱桥设计图,进行工程量复核;
2. 能进行拱桥的有支架施工、装配式施工、转体施工等的组织与管理;
3. 会进行钢管混凝土拱桥施工</td></tr>
<tr><td colspan="2">学习内容:
1. 拱桥认知;
2. 拱桥的有支架施工;
3. 拱桥的装配式施工;
4. 拱桥转体施工;
5. 钢管混凝土拱桥施工</td></tr>
<tr><td colspan="2">教学方法与策略:
教学方法:1. 任务驱动教学法;2. 小组讨论法;3. 角色扮演法;4. 项目教学法。
策　　略:1. 集中指导;2. 分组学习</td></tr>
<tr><td>教学资源:
讲义、教案、多媒体课件、实训指导书、任务工单、系统仿真软件、图片、模型、FLASH动画、规程等;
企业资源:
施工设计图、施工案例、施工技术手册等</td><td>对学生基础要求:
1. 具备工程识图的基本能力;
2. 具备工程结构辨识的基本能力;
3. 具备工程测量和材料试验检测能力</td></tr>
<tr><td>学习情境7:桥面系及附属工程施工</td><td>学时:10</td></tr>
<tr><td colspan="2">学习目标:
1. 能识读桥面系及附属工程的施工图,进行工程量复核;
2. 能进行桥面系及附属工程的施工组织与管理</td></tr>
<tr><td colspan="2">学习内容:
1. 桥面铺装施工;
2. 桥面排水防水施工;
3. 伸缩缝施工;
4. 支座施工;
5. 附属设施施工;
6. 梁间铰接缝施工</td></tr>
<tr><td colspan="2">教学方法与策略:
教学方法:1. 任务驱动教学法;2. 小组讨论法;3. 角色扮演法;4. 项目教学法。
策　　略:1. 集中指导;2. 分组学习</td></tr>
</table>

续上表

<table>
<tr><td colspan="2">学习情境7:桥面系及附属工程施工</td><td>学时:10</td></tr>
<tr><td>教学资源:
讲义、教案、多媒体课件、实训指导书、任务工单、系统仿真软件、图片、模型、FLASH动画、规程等;
企业资源:
施工设计图、施工案例、施工技术手册等</td><td colspan="2">对学生基础要求:
1. 具备工程识图的基本能力;
2. 具备工程结构辨识的基本能力;
3. 具备工程测量和材料试验检测能力</td></tr>
<tr><td colspan="2">学习情境8:其他体系桥梁施工</td><td>学时:18</td></tr>
<tr><td colspan="3">学习目标:
1. 能识读斜拉桥和悬索桥的施工设计图;
2. 会进行斜拉桥和悬索桥的施工组织与管理</td></tr>
<tr><td colspan="3">学习内容:
1. 斜拉桥施工;
2. 悬索桥施工</td></tr>
<tr><td colspan="3">教学方法与策略:
教学方法:1. 任务驱动教学法;2. 小组讨论法;3. 角色扮演法;4. 项目教学法。
策　　略:1. 集中指导;2. 分组学习</td></tr>
<tr><td>教学资源:
讲义、教案、多媒体课件、实训指导书、任务工单、系统仿真软件、图片、模型、FLASH动画、规程等;
企业资源:
施工设计图、施工案例、施工技术手册等</td><td colspan="2">对学生基础要求:
1. 具备工程识图的基本能力;
2. 具备工程结构辨识的基本能力;
3. 具备工程测量和材料试验检测能力</td></tr>
</table>

六、课程实施建议

(一)教材及参考资源建议

1. 教材

邓超,邹花兰,等. 桥涵工程施工[M]. 北京:人民交通出版社股份有限公司,2015.

2. 参考教材

[1]张辉. 桥梁下部施工技术[M]. 北京:人民交通出版社,2011.

[2]周传林. 桥梁上部施工技术[M]. 北京:人民交通出版社,2011.

[3]交通部第一公路工程总公司. 公路施工手册-桥涵[M]. 北京:人民交通出版社.

3. 规范规程

[1]中华人民共和国行业标准. JTG/T F50—2011　公路桥涵施工技术规范[S]. 北京:人民交通出版社,2011.

[2]中华人民共和国行业标准. JTG F80/1—2004　公路工程质量检验评定标准[S]. 北京:人民交通出版社,2004.

[3]中华人民共和国行业标准. JTG E60—2008　公路路基路面现场测试规程[S]. 北京:人民交通出版社,2008.

4. 课程网站

http://elearn.jxjtxy.com/eol/homepage/course/layout/page/index.jsp? courseId=11073.

(二)师资条件建议

(1)专任教师:具有高校教师资格证,具有桥涵施工管理岗位工作经历,精通桥涵工程施工相关的基本理论与专业知识,具有较强的教科研能力。

(2)兼职教师:具有5年以上公路建设施工管理及相关岗位工作经历,有丰富的实际工作经验;具有中级以上专业技术职称或在职业技能竞赛中获得奖励;具有较强的教学组织能力。

(三)试验实训条件建议

本课程的试验实训条件配置建议如表4所示。

试验实训条件配置建议表 表4

实训室名称	主要设备名称	主要实训项目
工程测量实训室	全站仪、水准仪等	桥位施工放样实训
路桥园综合实训基地	浅基础实体构造	浅基础构造和施工实训
	桩基础实体构造	桩基构造与施工实训
	墩台实体构造	墩台构造与施工实训
	涵洞实体构造	涵洞构造与施工实训
	梁桥结构及钢筋构造	梁桥构造实训
	拱桥实体构造	拱桥构造和施工实训
	桥面系实体构造	桥面系构造和施工实训
路桥施工教学基地	桥梁施工现场	梁桥施工实训

(四)教学方法建议

针对具体的教学内容和教学过程,总体采用项目教学法。在具体教学方法中,运用任务引导法、案例法、小组协作学习法等多种方法组织教学,以学生为中心"做中学、学中做",让学生人人参与,培养学生团队协作能力和实践动手能力。

(五)教学评价建议

本课程采用过程考核、综合考核等多元性评价,其中过程考核包括学习态度、课程作业等,占课程总成绩的40%,综合考核包括期末考试等,占课程总成绩的60%,全面综合评价学生能力。课程的考核办法如表5所示。

课 程 考 核 表 表5

考核项目		考核方式	比例	
			分项	总体
过程考核	学习态度	根据课堂教学参与情况、课堂回答问题、出勤情况,由教师综合评定学生的学习态度得分	50%	40%
	课程作业	根据学生完成课后作业、任务工单的情况,由教师来评定成绩	50%	
综合考核		结合期末考试、实践考核等综合评定成绩	100%	60%
合计				100%

(课程标准制订人:邹花兰)

附件11:《道路工程检测》课程标准

一、课程定位

本课程定位如表1所示。

课程定位表　　表1

课程名称及编号	道路工程检测(520109)
课设学期及学时	第4学期,共60学时
课程类型	专业核心学习领域
先导课程	工程测量、工程岩土、道路建筑材料试验、路基工程施工
平行课程	隧道工程检测、工程监理、桥梁现场检测
后续课程	公路养护与管理、毕业顶岗实习

二、课程性质

本课程是高职类道路桥梁工程技术专业的专业核心学习领域之一,其目标是在具备了道路工程检测行业必备的基本理论和专业知识基础上,正确运用国家现行标准、规范、规程,解决道路工程中的施工、检测技术问题。加强对检测新技术、新工艺的应用探讨,促进学生处理实际工程问题能力的提高。

三、课程设计思路

按照职业岗位和职业能力培养的要求,本课程将学生职业能力培养的基本规律与课程系统化以及学生专业能力、方法能力和社会能力相结合,形成以企业真实生产项目为载体,以项目导向组织教学,以学生为中心,通过教师引导、教学做一体的工学结合教学模式,解决学生知识、技能、素质协调发展问题。

本课程在内容组织与安排上,遵循学生职业能力培养的基本规律,以公路工程质量检测项目为载体,按公路工程建设的基本顺序(即路基检测、路面检测等工作环节),进行课程内容安排,设计学习情境,先教学生"学中做",然后再教学生"做中学",并引入相关的现行职业技能资格标准进行对照,真正做到"教、学、做"相结合,理论与实践一体化,实现操作知识与课程理论知识的深度融合。

四、课程目标

(一)知识目标

(1)能理解计量法常识及国际单位制的基本内容;

(2)能正确如实地填写原始记录,能运用数理统计的知识对试验检测数据进行分析与处理;

(3)能正确使用公路工程质量检测评分方法,对公路工程质量进行评价;

(4)能描述并分析影响公路工程质量的内在因素和外在因素;

(5)根据分析公路工程质量缺陷产生的原因,提出改善措施,解决工程中的实际问题;

(6)了解公路工程质量检测的发展方向,及时跟踪新材料、新工艺、新技术的发展动态,并应用于工程实际。

（二）能力目标

(1)能正确使用试验检测仪器和设备,规范地对路基工程、路面工程进行试验与检测;
(2)能对照现行《公路工程质量检验评定标准》,对所检测公路工程项目做出正确的结论;
(3)能合理选择仪器,正确使用路基工程、路面工程检测中所需的各类设备;
(4)能对试验检测仪器进行日常养护,对一般的仪器进行检验和校正。

（三）素质目标

(1)具有可持续发展的能力;
(2)具有团队协作能力;
(3)具有收集和处理信息的能力;
(4)具有获取新知识的能力;
(5)具有综合运用所学知识分析和解决问题的能力;
(6)具有良好的职业道德和敬业精神。

五、课程内容与学习目标

（一）课程内容结构安排

本课程分路基土石方工程质量检测与评定等 8 个学习情境,下设 40 个工作任务,具体见表 2。

课程内容结构安排一览表 表 2

序号	学习情境	工作任务	参考学时
1	路基土石方工程质量检测与评定	土方路基质量评定	1
		土方路基压实度检测	2
		土方路基弯沉值测试	2
		路基路面几何尺寸测试	2
		土基现场 CBR 值测试	2
		石方路基质量评定	1
		软土地基质量评定	1
		土工合成材料处治层质量评定	1
2	排水工程质量检测与评定	管道基础及管节安装质量评定	1
		检查(雨水)井砌筑质量评定	1
		浆砌排水沟质量评定	1
		水泥混凝土抗压强度检测	2
		水泥砂浆强度检测	1
3	砌筑防护工程质量检测与评定	挡土墙质量评定	1
		抗滑桩与锚喷防护质量评定	1
		锚杆抗拔力检测	2

续上表

序号	学习情境	工作任务	参考学时
4	路面基层和底基层质量检测与评定	水泥稳定粒料基层质量评定	1
		水泥稳定粒料基层压实度检测	1
		水泥稳定粒料基层厚度检测	1
		水泥稳定粒料无侧限抗压强度检测	1
5	水泥混凝土面层质量检测与评定	水泥混凝土面层质量评定	1
		水泥混凝土面层板厚度检测	1
		水泥混凝土弯拉强度检测	2
6	沥青混凝土面层质量检测与评定	沥青混凝土面层质量评定	2
		钻芯法测定沥青面层压实度	2
		沥青路面平整度检测	2
		沥青路面弯沉值测试	2
		沥青路面渗水系数测试	1
		沥青路面抗滑性能检测	2
		短脉冲雷达测定沥青路面厚度	1
7	新建公路工程质量评定与验收	公路工程质量评定	4
		公路工程竣(交)工验收	2
8	在用公路技术状况检测与评定	公路技术状况检测与调查	1
		路面损坏状况检测	1
		路面平整度检测	1
		路面车辙测试	1
		路面抗滑性能检测	2
		路面结构强度检测	2
		路基、桥隧构造物和沿线设施调查	2
		公路技术状况评定	2
合计			60

(二)课程内容要求(表3)

课程内容要求 表3

学习情境1:路基土石方工程质量检测与评定	参考学时:12
学习目标: 1. 会土方路基、石方路基、软土地基处治、土工合成材料处治层分项工程质量检验评定; 2. 会土方路基实测项目压实度、弯沉、几何尺寸等的检查和评定	
学习内容: 1. 了解:土方路基、石方路基、软土地基处治、土工合成材料处治层的基本要求;土方路基、石方路基的外观鉴定;软土地基处治、土工合成材料处治层的实测项目; 2. 熟悉:一般规定,土方路基、石方路基的实测项目,软土地基处治、土工合成材料处治层的实测关键项目; 3. 掌握:土方路基、石方路基的实测关键项目	

续上表

<table>
<tr><td>学习情境1:路基土石方工程质量检测与评定</td><td>参考学时:12</td></tr>
<tr><td>教学资源:
1. 讲义、多媒体教学设备、课件和视频教学资料等;
2. 分项工程质量检验评定表、试验检测记录表,试验检测报告表、任务工作单等;
3. 报告实例、规范规程等</td><td>对学生基础要求:
1. 具有工程数学基础;
2. 了解测量误差分类、来源及消除方法</td></tr>
<tr><td>学习情境2:排水工程质量检测与评定</td><td>参考学时:6</td></tr>
<tr><td colspan="2">学习目标:
1. 会水泥混凝土抗压强度的检测;
2. 会水泥砂浆强度的检测</td></tr>
<tr><td colspan="2">学习内容:
1. 了解分部工程排水工程的一般规定及质量评定内容;
2. 熟悉管道基础及管节安装、检查(雨水)井砌筑、浆砌排水沟等分项工程的实测项目;
3. 掌握水泥混凝土抗压强度、水泥砂浆强度的检测方法</td></tr>
<tr><td>教学资源:
1. 讲义、多媒体教学设备、课件和视频教学资料等;
2. 分项工程质量检验评定表、试验检测记录表,试验检测报告表、任务工作单等;
3. 报告实例、规范规程等</td><td>对学生基础要求:
1. 具有工程数学基础;
2. 了解测量误差分类、来源及消除方法</td></tr>
<tr><td>学习情境3:砌筑防护工程质量检测与评定</td><td>参考学时:4</td></tr>
<tr><td colspan="2">学习目标:
1. 会挡土墙、抗滑桩和锚喷防护分项工程质量检验评定;
2. 会挡土墙、抗滑桩和锚喷防护实测关键项目的检查和评定</td></tr>
<tr><td colspan="2">学习内容:
1. 了解:挡土墙、墙背填土、抗滑桩和锚喷防护等砌筑防护工程;
2. 熟悉:挡土墙、抗滑桩和锚喷防护基本要求和实测项目;
3. 掌握:挡土墙、抗滑桩和锚喷防护的实测关键项目</td></tr>
<tr><td>教学资源:
1. 讲义、多媒体教学设备、课件和视频教学资料等;
2. 分项工程质量检验评定表、试验检测记录表,试验检测报告表、任务工作单等;
3. 报告实例、规范规程等</td><td>对学生基础要求:
1. 具有工程数学基础;
2. 了解测量误差分类、来源及消除方法</td></tr>
<tr><td>学习情境4:路面基层和底基层质量检测与评定</td><td>参考学时:4</td></tr>
<tr><td colspan="2">学习目标:
1. 会水泥稳定粒料基层分项工程质量检验评定;
2. 会水泥稳定粒料基层实测关键项目——压实度、厚度、强度等的检查和评定</td></tr>
<tr><td colspan="2">学习内容:
1. 了解:路面基层和底基层的一般规定、分类、外观鉴定;
2. 熟悉:路面基层和底基层的基本要求、实测项目;
3. 掌握:路面基层和底基层的实测关键项目</td></tr>
</table>

续上表

<table>
<tr><td>学习情境4:路面基层和底基层质量检测与评定</td><td>参考学时:4</td></tr>
<tr><td>教学资源:
1. 讲义、多媒体教学设备、课件和视频教学资料等;
2. 分项工程质量检验评定表、试验检测记录表,试验检测报告表、任务工作单等。
3. 报告实例、规范规程等</td><td>对学生基础要求:
1. 具有工程数学基础;
2. 了解测量误差分类、来源及消除方法</td></tr>
<tr><td>学习情境5:水泥混凝土面层质量检测与评定</td><td>参考学时:4</td></tr>
<tr><td colspan="2">学习目标:
1. 会水泥混凝土面层分项工程质量检验评定。
2. 会水泥混凝土面层实测关键项目——弯拉强度、厚度等的检查和评定</td></tr>
<tr><td colspan="2">学习内容:
1. 了解:水泥混凝土面层的一般规定、分类、外观鉴定;
2. 熟悉:水泥混凝土面层的基本要求、实测项目;
3. 掌握:水泥混凝土面层的实测关键项目</td></tr>
<tr><td>教学资源:
1. 讲义、多媒体教学设备、课件和视频教学资料等;
2. 分项工程质量检验评定表、试验检测记录表,试验检测报告表、任务工作单等;
3. 报告实例、规范规程等</td><td>对学生基础要求:
1. 具有工程数学基础;
2. 了解测量误差分类、来源及消除方法</td></tr>
<tr><td>学习情境6:沥青混凝土面层质量检测与评定</td><td>参考学时:12</td></tr>
<tr><td colspan="2">学习目标:
1. 会沥青混凝土面层分项工程质量检验评定;
2. 会沥青混凝土面层实测关键项目——压实度、厚度、平整度等的检查和评定</td></tr>
<tr><td colspan="2">学习内容:
1. 了解:沥青混凝土面层的一般规定、分类、外观鉴定;
2. 熟悉:沥青混凝土面层的基本要求、实测项目;
3. 掌握:沥青混凝土面层的实测关键项目</td></tr>
<tr><td>教学资源:
1. 讲义、多媒体教学设备、课件和视频教学资料等;
2. 分项工程质量检验评定表、试验检测记录表,试验检测报告表、任务工作单等;
3. 报告实例、规范规程等</td><td>对学生基础要求:
1. 具有工程数学基础;
2. 了解测量误差分类、来源及消除方法</td></tr>
<tr><td>学习情境7:新建公路工程质量评定与验收</td><td>参考学时:6</td></tr>
<tr><td colspan="2">学习目标:
1. 会进行新建和改建公路工程质量评分与质量等级评定;
2. 会进行交工验收和竣工验收工程质量评分及质量等级评定。</td></tr>
<tr><td colspan="2">学习内容:
1. 了解建设项目的工程划分方法,分项、分部、单位工程的概念;
2. 熟悉关键项目、一般项目、规定极值等概念;交工验收和竣工验收的条件、程序、内容;
3. 掌握公路工程质量检验评定程序;分项工程质量评分及检验内容;新建和改建公路工程质量评分方法以及工程质量等级的评定方法;
4. 掌握交工验收和竣工验收工程质量评分及质量等级评定方法</td></tr>
</table>

续上表

<table>
<tr><td>学习情境7:新建公路工程质量评定与验收</td><td>参考学时:6</td></tr>
<tr><td>教学资源:
1. 讲义、多媒体教学设备、课件和视频教学资料等;
2. 分项工程质量检验评定表、试验检测记录表,试验检测报告表、任务工作单等;
3. 报告实例、规范规程等</td><td>对学生基础要求:
1. 具有一般数学基础;
2. 了解公路工程质量评定标准</td></tr>
<tr><td>学习情境8:在用公路技术状况检测与评定</td><td>参考学时:12</td></tr>
<tr><td colspan="2">学习目标:
1. 会进行公路技术状况的检测与调查;
2. 会进行公路技术状况评定。</td></tr>
<tr><td colspan="2">学习内容:
1. 了解公路损坏类型;
2. 熟悉公路技术状况的评价指标、评定要求;
3. 掌握公路技术状况等级、公路技术状况的检测与调查方法、计算方法。</td></tr>
<tr><td>教学资源:
1. 讲义、多媒体教学设备、课件和视频教学资料等;
2. 分项工程质量检验评定表、试验检测记录表,试验检测报告表、任务工作单等;
3. 报告实例、规范规程等</td><td>对学生基础要求:
1. 具有一般分析能力;
2. 具有数学基础知识</td></tr>
</table>

六、课程实施建议

(一)教材及参考资源建议

1. 教材

王立军,陈晓明. 道路工程检测[M]. 北京:人民交通出版社股份有限公司,2015.

2. 参考书

[1]王立军,周广宇,李旭丹. 公路工程检测[M]. 郑州:黄河水利出版社,2012.

[2]交通运输部质监局. 公路工程工地试验室标准化指南[M]. 北京:人民交通出版社,2013.

[3]国家认证认可监督管理委员会. 试验室资质认定工作指南[M]. 北京:中国计量出版社,2007.

3. 规范规程

[1]中华人民共和国行业标准. JTG F80/1—2004 公路工程质量检验评定标准[S]. 北京:人民交通出版社,2004.

[2]中华人民共和国行业标准. JTG E60—2008 公路路基路面现场测试规程[S]. 北京:人民交通出版社,2008.

[3]中华人民共和国行业标准. JTG E30—2005 公路工程水泥及水泥混凝土试验规程[S]. 北京:人民交通出版社,2005.

[4]中华人民共和国行业标准. JTG E51—2009 公路工程无机结合料稳定材料试验规程[S]. 北京:人民交通出版社,2007.

[5]中华人民共和国行业标准. JTG H20—2007 公路技术状况评定标准[S]. 北京:人民交通出版社,2007.

[6]中华人民共和国交通部《公路工程竣(交)工验收办法》(交通部2004年第3号部长令)

[7]中华人民共和国交通部《公路工程竣(交)工验收办法实施细则》(交公路发[2010]65号)

[8]中华人民共和国行业标准. JT/T 828—2012 公路试验检测数据报告编制导则[S]. 北京:人民交通出版社,2012.

[9]中华人民共和国行业标准. JTG F10—2006 公路路基施工技术规范[S]. 北京:人民交通出版社,2006.

[10]中华人民共和国行业标准. JTG/T F50—2011 公路桥涵施工技术规范[S]. 北京:人民交通出版社,2011.

4. 课程网站

http://elearn.jxjtxy.com/eol/homepage/course/layout/page/index.jsp? courseld = 11074.

(二)师资条件建议

(1)专任教师:具有高校教师资格证,具有公路工程检测实践工作经历,精通公路工程检测的基本理论与专业知识,具有较强的教科研能力。

(2)兼职教师:具有丰富的公路工程检测实践工作经验,有丰富的实际工作经验;具有中级以上专业技术职称或在职业技能竞赛中获得奖励;具有较强的教学组织能力。

(三)试验实训条件建议

本课程的试验实训条件配置建议如表4所示。

试验实训条件配置建议表 表4

实训室	主要设备名称	主要实训项目
江西交通规划勘察设计院	电脑、网络设备、办公桌椅等	公路工程质量检验评定等
路桥园综合实训基地、道路检测实训室	灌砂筒、金属标定罐、基板、玻璃板天平、烘箱等	路基路面压实度检测(灌砂法)
	取芯机、静水天平等	沥青路面压实度检测(钻孔取芯法)
	3m直尺、塞尺、钢尺等	路基路面平整度检测(3m直尺法)
	连续式平整度仪、牵引车等	路面平整度检测(连续式平整度仪法)
	标准车、弯沉仪、红外温度计、千斤顶、气压表等	路基路面弯沉检测(贝克曼梁法)
	渗水仪、秒表、密封材料等	沥青路面渗水系数检测(渗水仪法)
	铺砂仪、量砂、量尺等	路面构造深度检测(铺砂法)
	摆式仪、红外温度计、橡胶片、黑白尺等	路面摩擦系数检测(摆式仪法)
	取芯机、芯样钳、量尺等	路面厚度检测(钻孔取芯法)
	地质雷达透视仪、牵引车等	路面厚度检测(地质雷达透视法)
	水准仪、钢卷尺等	路基路面宽度、坡度检测(尺量法)
	经纬仪、水准仪等	路基路面几何尺寸(水准仪、经纬仪法)

（四）教学方法建议

针对具体的教学内容和教学过程，总体采用项目教学法。在具体教学方法中，运用任务引导法、案例法、小组协作学习法等多种方法组织教学，以学生为中心"做中学、学中做"，让学生人人参与，培养学生团队协作能力和实践动手能力。

（五）教学评价建议

本课程采用过程考核、综合考核等多元性评价，其中过程考核包括学习态度、课程作业等，占课程总成绩的40%；综合考核包括期末考试等，占课程总成绩的60%，全面综合评价学生能力。课程的考核办法如表5所示。

课程考核表 表5

考核项目		考核方式	比例	
			分项	总体
过程考核	学习态度	根据课堂教学参与情况、课堂回答问题、出勤情况，由教师综合评定学生的学习态度得分	50%	40%
	课程作业	根据学生完成课后作业、任务工单的情况，由教师来评定成绩	50%	
综合考核		结合期末考试、实践考核等综合评定成绩	100%	60%
合计				100%

（课程标准制订人：王立军）

附件12：《桥梁现场检测》课程标准

一、课程定位

本课程定位如表1所示。

课程定位表 表1

课程名称及编号	桥梁现场检测（520110）
课设学期及学时	第5学期，共80学时
课程类型	专业核心学习领域
先导课程	工程力学、工程测量、工程制图与CAD、工程岩土、道路建筑材料试验、桥涵工程施工（上）、路基工程施工
平行课程	路面工程施工、道路工程检测、桥涵工程施工（下）
后续课程	隧道工程施工、公路沿线设施检测、工程监理、公路养护与管理、工程检测实训

二、课程性质

本课程是高职类道路桥梁工程技术专业的专业核心学习领域之一，主要实现专业培养目标中桥梁施工现场质量检测及桥梁使用后健康体检的职业能力，在专业人才培养方案中具有重要的地位，是专业技能培养的重要环节。本课程集理论、实践于一体，是教学难度较大的一门课程。课程主要内容包括桥梁的地基检测、基桩检测、墩柱检测、梁板检测，以及全桥检测中常用检测仪器、检测原理及检测方法等。

三、课程设计思路

本学习领域根据相关专业学生将来所必须具备的综合职业能力，以桥梁现场检测项目为载体和切入点创设学习情境，以培养学生的职业综合能力设定教学目标，以桥梁试验检测员职业行动领域真实、典型的工作任务构建教学内容；以校内双师型教师和企业兼职教师为主导，以与行业企业共建教学环境为平台，与行业企业专家合作进行基于工作过程系统化的课程开发与设计；突出工作任务与知识的联系，使学生掌握独立制订、实施和评估计划的工作能力。

本课程以桥梁现场检测项目为载体来设计学习情境，采用示范教学法、引导文教学法等行动导向教学法组织教学，并充分发挥学生的主体作用。学生在“做中学”，教师在“做中教”，学生先知其然，然后知其所以然。将专业能力、社会能力、方法能力的培养集成于教学过程中，并通过学习领域中学习情境的教学，让学生获得未来工作所必需的综合职业能力、适应社会能力和后续开发能力。

根据行业专家对桥梁试验检测员岗位进行的任务和职业能力分析，同时遵循高等职业院校学生的认知规律，充分考虑学习情境的实用性、典型性、趣味性、可操作性以及可拓展性等因素，紧密结合专业能力和职业资格证书中相关考核要求，确定本学习领域各学习情境的具体内容。每个情境的编排是依据桥梁现场检测所具有的工作任务逻辑关系，而不是知识关系，以五个典型的现场检测工作任务为载体来设计学习情境，分别是地基检测、基桩检测、墩柱检测、梁板检测及全桥检测。

四、课程目标

（一）知识目标

(1)能熟练掌握动力触探法确定地基承载力；
(2)能熟练掌握标准贯入试验法确定地基承载力；
(3)掌握承载板试验法确定地基承载力；
(4)掌握反射波法检测预制桩的完整性；
(5)能熟练掌握声波透射法检测灌注桩的完整性；
(6)掌握堆载法测试基桩的竖向抗压承载力；
(7)能熟练掌握回弹仪的现场测试技术；
(8)能熟练掌握超声仪检测混凝土各种缺陷的方法；
(9)掌握应变测点、挠度测点、支座沉陷测点的布置；
(10)掌握梁板试验的各种加载实施方案；
(11)掌握检查、调试动静态应变测试分析系统的技术状况及性能；
(12)能熟练掌握粘贴应变片并焊接测量电路。

（二）能力目标

(1)学会桥梁工程质量现场检测的检测原理及检测方法；

(2)能够正确使用检测仪器设备,对桥梁工程进行现场质量检测;
(3)能够根据检测数据,正确评定桥梁工程质量、出具检测报告。

(三)素质目标

(1)具有可持续发展的能力;
(2)具有团队协作能力;
(3)具有收集和处理信息的能力;
(4)具有获取新知识的能力;
(5)具有综合运用所学知识分析和解决问题的能力;
(6)具有良好的职业道德和敬业精神。

五、课程内容与学习目标

(一)课程内容结构安排

本课程分地基检测等5个学习情境,下设黏性土地基检测等16个工作任务,具体见表2。

课程内容结构安排一览表 表2

序号	学习情境	工作任务	参考学时
1	地基检测	黏性土地基检测	4
		砂性土地基检测	4
2	基桩检测	预制桩完整性检测	6
		灌注桩完整性检测	6
		基桩承载力检测	4
3	墩柱检测	墩柱混凝土强度检测	4
		墩柱混凝土缺陷检测	4
		墩柱钢筋位置及保护层厚度检测	4
4	梁板检测	试验梁的选择与设计施工资料收集	2
		梁板试验检测仪器操作与调试	4
		梁板检测现场准备工作	4
		梁板加载与试验测试	4
		试验结果分析与检测报告的编写	2
5	全桥检测	桥梁静载试验	8
		桥梁动载试验	14
		桥梁全桥检查(测)	6
合计			80

(二)课程内容要求(表3)

课 程 内 容 要 求　　表3

<table>
<tr><td>学习情境1:地基检测</td><td>参考学时:8</td></tr>
<tr><td colspan="2">学习目标:
1.掌握地基承载力的确定方法;
2.会利用动力触探法确定地基承载力;
3.会利用标准贯入试验确定地基承载力;
4.会利用承载板试验确定地基承载力</td></tr>
<tr><td colspan="2">学习内容:
1.地基承载力的确定方法;
2.动力触探法的检测原理及操作规程;
3.标准贯入试验的检测原理及操作规程;
4.承载板试验的检测原理及操作规程</td></tr>
<tr><td>教学资源:
1.讲义、教案、多媒体课件、图片、FLASH动画、试验操作规程等;
2.实训指导书、任务工单等;
3.检测案例、桥梁检测技术规范、仪器操作手册等</td><td>对学生基础要求:
1.能够制订检测方案;
2.会进行现场地基检测;
3.分析检测数据后,形成检测报告</td></tr>
<tr><td>学习情境2:基桩检测</td><td>参考学时:16</td></tr>
<tr><td colspan="2">学习目标:
1.会利用反射波法检测预制桩的完整性;
2.会利用声波透射法检测灌注桩的完整性;
3.会采用堆载法测试基桩的竖向抗压承载力</td></tr>
<tr><td colspan="2">学习内容:
1.桩的基本知识;
2.反射波法的基本原理及操作规程;
3.声波透射法的基本原理及操作规程;
4.基桩竖向抗压受力机理;
5.堆载法测试基桩竖向抗压承载力的操作规程</td></tr>
<tr><td>教学资源:
1.讲义、教案、多媒体课件、图片、FLASH动画、试验操作规程等;
2.实训指导书、任务工单等;
3.检测案例、桥梁检测技术规范、仪器操作手册等</td><td>对学生基础要求:
1.能够制订检测方案;
2.会进行现场基桩检测;
3.分析检测数据后,形成检测报告</td></tr>
</table>

续上表

<table>
<tr><td colspan="2">学习情境3:墩柱检测</td><td>参考学时:12</td></tr>
<tr><td colspan="3">学习目标:
1. 会对回弹仪标定和保养;
2. 会现场进行测区的布置;
3. 熟练掌握回弹仪的现场测试技术;
4. 熟练掌握混凝土碳化深度的现场测试技术;
5. 会分析回弹数据,处理回弹结果;
6. 会对超声仪进行标定、保养及测试前的检查;
7. 熟练掌握超声仪及换能器的技术要求;
8. 熟练掌握使用超声仪检测混凝土各种缺陷的方法;
9. 能根据检测数据正确推定各种缺陷</td></tr>
<tr><td colspan="3">学习内容:
1. 回弹法的基本原理及构造;
2. 结构的抽检频率及测区的布置要求;
3. 回弹值的现场测试;
4. 混凝土碳化深度的测试;
5. 回弹数据的处理方法;
6. 回弹仪的技术要求、标定、保养方法、使用条件及注意事项;
7. 超声波仪的基本原理和组成及技术要求;
8. 换能器的技术要求;
9. 超声仪使用前的检查、使用方法与保养;
10. 超声仪的系统延迟时间;
11. 各种缺陷的检测方法</td></tr>
<tr><td>教学资源:
1. 讲义、教案、多媒体课件、图片、FLASH 动画、试验操作规程等;
2. 实训指导书、任务工单等;
3. 检测案例、桥梁检测技术规范、仪器操作手册等</td><td colspan="2">对学生基础要求:
1. 能够制订检测方案;
2. 会进行现场墩柱缺陷检测;
3. 分析检测数据后,形成检测报告</td></tr>
<tr><td colspan="2">学习情境4:梁板检测</td><td>参考学时:16</td></tr>
<tr><td colspan="3">学习目标:
1. 熟练检测仪器设备的操作与调试;
2. 会进行应变测点、挠度测点、支座沉陷测点布置,会贴应变片;
3. 会各种加载实施方案;
4. 会分析测试结果并根据结果编写试验检测报告</td></tr>
<tr><td colspan="3">学习内容:
1. 梁式桥结构体系与分类、结构受力特点与常用截面形式;
2. YJ-26 型静态电阻应变仪、P10R-18 型静态电阻预调平衡箱的操作与调试;
3. DSZ2 型自动安平精密水准仪、FS1 型测微器和百分表的操作方法;
4. PTS-10 型智能裂缝宽度观测仪的操作方法;
5. 测点布置原理和方法;
6. 加载实施原理和方法;
7. 试验测试方法原理与结果分析</td></tr>
</table>

续上表

<table>
<tr><td colspan="2">学习情境4:梁板检测</td><td>参考学时:16</td></tr>
<tr><td>教学资源:
1. 讲义、教案、多媒体课件、图片、FLASH动画、试验操作规程等;
2. 实训指导书、任务工单等;
3. 检测案例、桥梁检测技术规范、仪器操作手册等</td><td colspan="2">对学生基础要求:
1. 能够制订检测方案;
2. 会进行梁板检测;
3. 分析检测数据后,形成检测报告</td></tr>
<tr><td colspan="2">学习情境5:全桥检测</td><td>参考学时:28</td></tr>
<tr><td colspan="3">学习目标:
1. 会选择、检查电阻应变片;
2. 会检查、调试动静态应变测试分析系统的技术状况及性能;
3. 熟练粘贴应变片并焊接测量电路;
4. 会进行温度补偿;
5. 会测读仪器仪表</td></tr>
<tr><td colspan="3">学习内容:
1. 全桥荷载试验的作用与原理;
2. 主要桥型的检测部位及项目;
3. 应变片的测量原理与选择方法;
4. 应变片的粘贴方法;
5. 仪器仪表的使用方法和测读原则;
6. 温度补偿原理与措施;
7. 主要桥型的加载试验项目;
8. 全桥静载试验加载程序;
9. 仪器仪表测读方法与数据记录;
10. 动载试验测试的主要项目</td></tr>
<tr><td>教学资源:
1. 讲义、教案、多媒体课件、图片、FLASH动画、试验操作规程等;
2. 实训指导书、任务工单等;
3. 检测案例、桥梁检测技术规范、仪器操作手册等</td><td colspan="2">对学生基础要求:
1. 根据加载和量测方案选用仪器设备并进行检查;
2. 利用工作脚手架进行测点放样和表面处理;
3. 会进行仪器读数、记录</td></tr>
</table>

六、课程实施建议

(一)教材及参考资源建议

1. 教材

邓超,吴继锋. 桥梁现场检测[M]. 北京:人民交通出版社股份有限公司,2015.

2. 参考书

[1]胡大琳. 桥涵工程试验检测技术[M]. 北京:人民交通出版社,2000.

[2]刘自明,陈开利. 桥梁工程检测手册[M]. 北京:人民交通出版社,2010.

[3]罗骐先,王五平. 桩基工程检测手册[M]. 北京:人民交通出版社,2010.

[4]张美珍. 桥梁工程检测技术[M]. 北京:人民交通出版社,2007.

3. 规范规程

[1]中华人民共和国行业标准. JTG/T F50—2011 公路桥涵施工技术规范[S]. 北京:

人民交通出版社,2011.

[2]中华人民共和国行业标准. JTG F80/1—2004 公路工程质量检验评定标准[S]. 北京:人民交通出版社,2004.

[3]中华人民共和国行业标准. JTG/T J21—2011 公路桥梁承载能力检测评定规程[S]. 北京:人民交通出版社,2011.

[4]中华人民共和国行业标准. JTG E60—2008 公路路基路面现场测试规程[S]. 北京:人民交通出版社,2008.

[5]中华人民共和国行业标准. JTG/T F81-01—2004 公路工程基桩动测技术规程[S]. 北京:人民交通出版社,2004.

[6]中华人民共和国行业标准. JGJ/T T23—2011 回弹法检测混凝土抗压强度技术规程[S]. 北京:中国建筑工业出版社,2011.

4. 课程网站

http://elearn. jxjtxy. com/eol/homepage/course/layout/page/index. jsp? courseld = 11125.

(二)师资条件建议

(1)专任教师:具有高校教师资格证,具有桥梁检测及相关岗位工作经历,精通桥梁检测相关的基本理论与专业知识,具有较强的教科研能力。

(2)兼职教师:具有5年以上公路工程试验检测及相关岗位工作经历,有丰富的实际工作经验;具有中级以上专业技术职称或在职业技能竞赛中获得奖励;具有较强的教学组织能力。

(三)试验实训条件建议

本课程的试验实训条件配置建议如表4所示。

试验实训条件配置建议表 表4

实训室名称	主要设备名称	主要实训项目
桥隧检测实训室	轻型动力触探仪	轻型动力触探检测浅层地基土承载力
	承载板及测试装置	承载板试验检测地基土承载力
	基桩动测仪	反射波法检测预制桩完整性
	多通道超声测桩仪	声波透射法检测灌注桩完整性
	静载荷测试仪、力传感器、位移传感器	基桩竖向抗压承载力测试
	回弹仪	回弹法普查墩柱混凝土质量
	非金属超声波检测仪、混凝土碳化深度测量装置、钢筋位置测定仪、裂缝观测仪、钢筋锈蚀测量仪、氯离子含量测定仪	混凝土构件缺陷认识、超声法检测墩柱混凝土缺陷
	电阻应变片	应变测点布置及电阻应变片的粘贴
	电阻应变仪	电阻应变仪的操作与调试
	精密水准仪、百分表	精密水准仪和百分表测量挠度
	静态电阻应变测试仪、振动及动态应变采集与分析设备、全站仪	简支梁桥荷载试验测点布设

（四）教学方法建议

针对具体的教学内容和教学过程，总体采用项目教学法。在具体教学方法中，运用任务引导法、案例法、小组协作学习法等多种方法组织教学，以学生为中心“做中学、学中做”，让学生人人参与，培养学生团队协作能力和实践动手能力。

（五）教学评价建议

本课程采用过程考核、综合考核等多元性评价，其中过程考核包括学习态度、课程作业等，占课程总成绩的40%，综合考核包括期末考试等，占课程总成绩的60%，全面综合评价学生能力。课程的考核办法如表5所示。

课程考核表 表5

考核项目		考核方式	比例	
			分项	总体
过程考核	学习态度	根据课堂教学参与情况、课堂回答问题、出勤情况，由教师综合评定学生的学习态度得分	50%	40%
	课程作业	根据学生完成课后作业、任务工单的情况，由教师来评定成绩	50%	
综合考核		结合期末考试、实践考核等综合评定成绩	100%	60%
合计				100%

（课程标准制订人：邓超）

附件13：《公路勘测设计》课程标准

一、课程定位

本课程定位如表1所示。

课程定位表 表1

课程名称及编号	公路勘测设计（520111）
课设学期及学时	第4学期，共72学时
课程类型	专业拓展学习领域
先导课程	工程测量、工程制图与CAD、工程岩土
平行课程	机械化施工、公路沿线设施施工、桥涵工程施工、路基工程施工
后续课程	路面工程施工、道路工程检测、桥梁现场检测、隧道工程施工

二、课程性质

本课程是高职类道路桥梁工程技术专业拓展学习领域之一，其目标是在具备了工程测量基本知识、基本理论和熟练工程测量仪器的操作方法的基础上，培养学生具有识读公路路线设计图纸的能力、参加公路外业勘测的能力、根据设计图纸进行公路放样的能力,以及运用国家现行《公路工程技术标准》和《公路路线设计规范》及其他相关规范的能力。

三、课程设计思路

本课程紧紧围绕完成工作任务的需要来选择课程内容,变知识学科本位为职业能力本位,打破传统的以"了解"、"掌握"为特征设定的学科型课程目标,从"任务与职业能力"分析出发,设定职业能力培养目标;变书本知识的传授为动手能力的培养,打破传统的知识传授方式,以"工作任务"为主线,创设工作情境,结合职业技能证书考证,培养学生的实践动手能力。

四、课程目标

(一)知识目标

(1)熟悉道路工程、道路勘测专业术语;
(2)熟悉道路分级、道路设计原则和依据;
(3)熟悉不同设计阶段的工作内容及道路设计文件的组成与内容;
(4)掌握道路设计图纸绘制及平面、纵断面、横断面的相关计算;
(5)掌握路基土石方工程数量计算与调配。

(二)能力目标

(1)能够识读实际工程公路施工图纸中公路平面设计成果;
(2)能够识读实际工程公路施工图纸中公路纵断面设计成果;
(3)能够识读实际工程公路施工图纸中公路横断面设计成果;
(4)能根据施工图纸进行公路中线施工放样、高程控制测量和路基横断面放样工作;
(5)能知道公路野外勘测各作业组的工作任务,参加公路野外勘测工作;
(6)知道公路勘测设计程序以及公路初步设计、施工图设计文件的组成和要求。

(三)素质目标

(1)具有可持续发展的能力;
(2)具有团队协作能力;
(3)具有收集和处理信息的能力;
(4)具有获取新知识的能力;
(5)具有综合运用所学知识分析和解决问题的能力;
(6)具有良好的职业道德和敬业精神。

五、课程内容与学习目标

(一)课程内容结构安排

本课程分公路勘测设计的认知等 9 个学习情境,下设公路的分级与标准认知等 25 个工作任务,具体见表 2。

课程内容结构安排一览表

表2

序号	学习情境	工作任务	参考学时
1	公路勘测设计的认知	公路的分级与标准认知	2
		公路的控制要素和测设程序认知	2
2	路线平面设计	路线平面线形组成分析	2
		平曲线超高、加宽计算	4
		平面视距计算	2
		中桩坐标计算	4
		平面设计成果编制	2
3	路线纵断面设计	路线纵断面线形组成分析	2
		路线纵断面设计	4
		路线纵断面成果编制	2
4	路基横断面设计	路基横断面组成分析	2
		路基横断面设计	4
		路基土石方数量计算及调配	4
		路基横断面成果编制	2
5	路线交叉认知	公路平面交叉认知	2
		公路立体交叉认知	2
6	公路选线	路线方案选定	2
		各类地形选线	4
7	公路定线与放线	纸上定线	2
		实地定线	4
		实地放线	4
8	公路外业勘测	公路初测	2
		公路定测	4
9	公路路线 CAD 应用	公路路线 CAD 安装	2
		路线辅助设计	6
合计			72

(二)课程内容要求(表3)

课程内容要求

表3

学习情境1:公路勘测设计的认知	学时:4
学习目标: 1. 能够根据交通量进行公路分级; 2. 能够熟练掌握相关规范标准的相关规定; 3. 了解公路设计车辆的组成及各级公路设计速度的选用; 4. 能够进行公路交通量的调查和统计; 5. 熟悉公路勘测设计文件的组成	

续上表

<table>
<tr><td>学习情境1:公路勘测设计的认知</td><td>学时:4</td></tr>
<tr><td colspan="2">学习内容:
1. 公路的分级与标准认知;
2. 公路的控制要素和测设程序认知</td></tr>
<tr><td colspan="2">教学方法与策略:
教学方法:1. 任务驱动教学法;2. 小组讨论法;3. 角色扮演法;4. 项目教学法。
策　　略:1. 集中指导;2. 分组学习</td></tr>
<tr><td>教学资源:
讲义、教案、多媒体课件、实训指导书、任务工单、规程标准、案例等</td><td>对学生基础要求:
1. 具有计算机应用能力;
2. 具有工程测量技能;
3. 具有一般分析能力</td></tr>
<tr><td>学习情境2:路线平面设计</td><td>学时:14</td></tr>
<tr><td colspan="2">学习目标:
1. 能进行公路平面线形的基本设计;
2. 会进行曲线超高、加宽计算;
3. 能进行中桩坐标的计算;
4. 能编制直线、曲线及转角一览表;
5. 能绘制路线平面图;
6. 能计算逐桩坐标表</td></tr>
<tr><td colspan="2">学习内容:
1. 路线平面线形组成分析;
2. 平曲线超高、加宽计算;
3. 平面视距计算;
4. 中桩坐标计算;
5. 平面设计成果编制</td></tr>
<tr><td colspan="2">教学方法与策略:
教学方法:1. 任务驱动教学法;2. 小组讨论法;3. 角色扮演法;4. 项目教学法。
策　　略:1. 集中指导;2. 分组学习</td></tr>
<tr><td>教学资源:
讲义、教案、多媒体课件、实训指导书、任务工单、规程标准、案例等</td><td>对学生基础要求:
1. 具有计算机应用能力;
2. 具有工程测量技能;
3. 具有一般分析能力</td></tr>
<tr><td>学习情境3:路线纵断面设计</td><td>学时:8</td></tr>
<tr><td colspan="2">学习目标:
1. 会进行纵坡及坡长、竖曲线的设计与计算;
2. 能进行纵断面拉坡设计、中桩设计高程计算;
3. 能绘制路线纵断面图,编制路基设计表</td></tr>
<tr><td colspan="2">学习内容:
1. 路线纵断面线形组成分析;
2. 路线纵断面设计;
3. 路线纵断面成果编制</td></tr>
</table>

续上表

<table>
<tr><td colspan="2">学习情境 3:路线纵断面设计</td><td>学时:8</td></tr>
<tr><td colspan="3">教学方法与策略:
教学方法:1. 任务驱动教学法;2. 小组讨论法;3. 角色扮演法;4. 项目教学法。
策　　略:1. 集中指导;2. 分组学习</td></tr>
<tr><td>教学资源:
讲义、教案、多媒体课件、实训指导书、任务工单、规程标准、案例等</td><td colspan="2">对学生基础要求:
1. 具有计算机应用能力;
2. 具有工程测量技能;
3. 具有一般分析能力</td></tr>
<tr><td colspan="2">学习情境 4:路基横断面设计</td><td>学时:12</td></tr>
<tr><td colspan="3">学习目标:
1. 会选定不同地质条件下路堤、路堑边坡;
2. 能用"戴帽子"方法进行路基横断面设计;
3. 能运用平均面积法计算土石方数量,并进行土石方调配;
4. 能绘制路基标准横断面图、横断面设计图;
5. 能编制路基土石方数量表</td></tr>
<tr><td colspan="3">学习内容:
1. 路基横断面组成分析;
2. 路基横断面设计;
3. 路基土石方数量计算及调配;
4. 路基横断面成果编制</td></tr>
<tr><td colspan="3">教学方法与策略:
教学方法:1. 任务驱动教学法;2. 小组讨论法;3. 角色扮演法;4. 项目教学法。
策　　略:1. 集中指导;2. 分组学习</td></tr>
<tr><td>教学资源:
讲义、教案、多媒体课件、实训指导书、任务工单、规程标准、案例等</td><td colspan="2">对学生基础要求:
1. 具有计算机应用能力;
2. 具有工程测量技能;
3. 具有一般分析能力</td></tr>
<tr><td colspan="2">学习情境 5:路线交叉认知</td><td>学时:4</td></tr>
<tr><td colspan="3">学习目标:
1. 熟悉公路与公路平面交叉的常见形式;
2. 熟悉公路立体交叉的基本类型</td></tr>
<tr><td colspan="3">学习内容:
1. 公路平面交叉认知;
2. 公路立体交叉认知</td></tr>
<tr><td colspan="3">教学方法与策略:
教学方法:1. 任务驱动教学法;2. 小组讨论法;3. 角色扮演法;4. 项目教学法。
策　　略:1. 集中指导;2. 分组学习</td></tr>
<tr><td>教学资源:
讲义、教案、多媒体课件、实训指导书、任务工单、规程标准、案例等</td><td colspan="2">对学生基础要求:
1. 具有计算机应用能力;
2. 具有工程测量技能;
3. 具有一般分析能力</td></tr>
</table>

续上表

<table>
<tr><td colspan="2">学习情境6:公路选线</td><td>学时:6</td></tr>
<tr><td colspan="3">学习目标:
1. 能进行局部路段路线方案的比选;
2. 掌握平原区路线特征及布线要点;
3. 掌握山岭区路线特征及布线要点;
4. 掌握丘陵区路线特征及布线要点</td></tr>
<tr><td colspan="3">学习内容:
1. 路线方案选定;
2. 各类地形选线</td></tr>
<tr><td colspan="3">教学方法与策略:
教学方法:1. 任务驱动教学法;2. 小组讨论法;3. 角色扮演法;4. 项目教学法。
策　　略:1. 集中指导;2. 分组学习</td></tr>
<tr><td>教学资源:
讲义、教案、多媒体课件、实训指导书、任务工单、规程标准、案例等</td><td colspan="2">对学生基础要求:
1. 具有计算机应用能力;
2. 具有工程测量技能;
3. 具有一般分析能力</td></tr>
<tr><td colspan="2">学习情境7:公路定线与放线</td><td>学时:10</td></tr>
<tr><td colspan="3">学习目标:
1. 能根据实际地形特点进行实地定线;
2. 能根据纸上定线的资料,熟练地进行实地放线</td></tr>
<tr><td colspan="3">学习内容:
1. 纸上定线;
2. 实地定线;
3. 实地放线</td></tr>
<tr><td colspan="3">教学方法与策略:
教学方法:1. 任务驱动教学法;2. 小组讨论法;3. 角色扮演法;4. 项目教学法。
策　　略:1. 集中指导;2. 分组学习</td></tr>
<tr><td>教学资源:
讲义、教案、多媒体课件、实训指导书、任务工单、规程标准、案例等</td><td colspan="2">对学生基础要求:
1. 具有计算机应用能力;
2. 具有工程测量技能;
3. 具有一般分析能力</td></tr>
<tr><td colspan="2">学习情境8:公路外业勘测</td><td>学时:6</td></tr>
<tr><td colspan="3">学习目标:
1. 能参与并胜任公路初测、定测各测量组的工作;
2. 能收集和整理公路初测、定测各测量组的外业资料;
3. 初步能进行公路现场定线和放线</td></tr>
<tr><td colspan="3">学习内容:
1. 公路初测;
2. 公路定测</td></tr>
</table>

续上表

<table>
<tr><td colspan="2">学习情境8:公路外业勘测</td><td>学时:6</td></tr>
<tr><td colspan="3">教学方法与策略:
教学方法:1. 任务驱动教学法;2. 小组讨论法;3. 角色扮演法;4. 项目教学法。
策　　略:1. 集中指导;2. 分组学习</td></tr>
<tr><td>教学资源:
讲义、教案、多媒体课件、实训指导书、任务工单、规程标准、案例等</td><td colspan="2">对学生基础要求:
1. 具有计算机应用能力;
2. 具有工程测量技能;
3. 具有一般分析能力</td></tr>
<tr><td colspan="2">学习情境9:公路路线 CAD 应用</td><td>学时:8</td></tr>
<tr><td colspan="3">学习目标:
1. 会安装公路路线 CAD 软件;
2. 会进行原始数据的录入;
3. 会使用软件辅助进行路线设计;
4. 会输出路线设计成果</td></tr>
<tr><td colspan="3">学习内容:
1. 公路路线 CAD 安装;
2. 路线辅助设计</td></tr>
<tr><td colspan="3">教学方法与策略:
教学方法:1. 任务驱动教学法;2. 小组讨论法;3. 角色扮演法;4. 项目教学法。
策　　略:1. 集中指导;2. 分组学习</td></tr>
<tr><td>教学资源:
讲义、教案、多媒体课件、实训指导书、任务工单、规程标准、案例等</td><td colspan="2">对学生基础要求:
1. 具有计算机应用能力;
2. 具有工程测量技能;
3. 具有一般分析能力</td></tr>
</table>

六、课程实施建议

(一)教材及参考资源建议

1. 教材

王建林. 公路测设技术[M]. 北京:人民交通出版社,2011.

2. 参考书

[1]陈方晔,李绪梅. 公路勘测设计[M]. 北京:人民交通出版社,2005.

[2]王学民,等. 公路勘测设计[M]. 郑州:黄河水利出版社,2013.

3. 规范规程

中华人民共和国行业标准. JTG B01—2014　公路工程技术标准[S]. 北京:人民交通出版社股份有限公司,2015.

(二)师资条件建议

(1)专任教师:具有高校教师资格证,具有公路勘测设计实践工作经历,精通公路勘测设计的基本理论与专业知识,具有较强的教科研能力。

(2)兼职教师:具有丰富的公路勘测设计实践工作经验,具有中级以上专业技术职称或在职业技能竞赛中获得奖励,具有较强的教学组织能力。

(三)试验实训条件建议

本课程的试验实训条件配置建议如表4所示。

试验实训条件配置建议表 表4

实训室名称	主要设备名称	主要实训项目
江西省交通规划勘察设计院	计算机、公路辅助设计软件等	公路勘测设计实训

(四)教学方法建议

针对具体的教学内容和教学过程,总体采用项目教学法。在具体教学方法中,运用任务引导法、案例法、小组协作学习法等多种方法组织教学,以学生为中心"做中学、学中做",让学生人人参与,培养学生团队协作能力和实践动手能力。

(五)教学评价建议

本课程采用过程考核,包括学习态度、课程作业、实践考核等,占课程总成绩的100%,全面综合评价学生能力。课程的考核办法如表5所示。

课 程 考 核 表 表5

考核项目		考核方式	比例	
			分项	总体
过程考核	学习态度	根据课堂教学参与情况、课堂回答问题、出勤情况,由教师综合评定学生的学习态度得分	30%	100%
	课程作业	根据学生完成课后作业、任务工单的情况,由教师来评定成绩	40%	
	实践考核	根据实践环节表现,由教师综合评定成绩	30%	

(课程标准制订人:蔡龙成)

附件14:《机械化施工》课程标准

一、课程定位

本课程定位如表1所示。

课 程 定 位 表 表1

课程名称及编号	机械化施工(520112)
课设学期及学时	第4学期,共54学时
课程类型	专业拓展学习领域
先导课程	工程制图与CAD、工程岩土
平行课程	路基工程施工、桥涵工程施工、公路沿线设施施工
后续课程	隧道工程施工、公路养护与管理

二、课程性质

本课程是高职类道路桥梁工程技术专业拓展学习领域之一。通过本课程的学习，使学生熟悉掌握各种工程机械施工和管理，毕业后能从事公路机械化施工和管理的生产一线等岗位的工作。

三、课程设计思路

课程开发基于公路机械化施工的工作任务，教学载体源于施工企业又高于企业，教学载体选自施工工地，过程考核尽可能符合工作的实际，并充分运用校内和校外实训基地，让学生体验施工环境与氛围。教学根据高职高专学生的特点，从简单到复杂，从单一到综合，使学生逐步学会岗位要求的职业技能。教学紧紧围绕工作任务完成的需要来进行，同时充分考虑高等职业教育对理论知识学习的需要，并融合相关职业资格证书对知识、技能的要求。

四、课程目标

（一）知识目标

（1）了解工程机械的基础知识；
（2）了解土方工程机械的工作原理、分类、构造，掌握其施工作业特点；
（3）了解石方工程机械的工作原理、分类、构造，掌握其施工作业特点；
（4）了解压实机械的工作原理、分类、构造，掌握其施工作业特点；
（5）了解半刚性基层材料拌和机械的基础知识；
（6）掌握沥青路面施工机械的基础知识；
（7）掌握水泥混凝土路面施工机械的基础知识；
（8）掌握沥青路面和水泥混凝土路面机械化施工的基础知识；
（9）掌握桥梁工程机械的基础知识。

（二）能力目标

（1）能够根据作业类型选择适用的施工作业方法；
（2）能进行施工机械的合理选用和配备；
（3）能进行机械化施工前的准备工作、组织实施等。

（三）素质目标

（1）具有可持续发展的能力；
（2）具有团队协作能力；
（3）具有收集和处理信息的能力；
（4）具有获取新知识的能力；
（5）具有综合运用所学知识分析和解决问题的能力；
（6）具有良好的职业道德和敬业精神。

五、课程内容与学习目标

（一）课程内容结构安排

本课程分工程机械认知等6个学习情境，下设内燃机认知等20个工作任务，具体见表2。

课程内容结构安排一览表　　表2

序号	学习情境	工作任务	参考学时
1	工程机械认知	内燃机认知	2
		工程机械底盘认知	2
		工程机械液压与液力传动	2
2	土方机械施工	推土机施工	2
		铲运机施工	2
		装载机施工	2
		挖掘机施工	2
		平地机施工	2
3	石方机械施工	空气压缩机、凿岩机和破碎机械施工	2
		路基石方爆破施工	2
4	压实机械施工	压路机选型	2
		压路机施工作业	4
5	路面机械施工	路面基层机械施工	2
		沥青混合料路面机械施工	6
		水泥混凝土路面机械施工	6
		路面机械的选配	2
6	桥梁机械施工	桩工机械施工	2
		水泥混凝土机械施工	2
		起重机械施工	2
		架桥机械施工	4
机动			2
合计			54

（二）课程内容要求（表3）

课 程 内 容 要 求　　表3

学习情境1：工程机械认知	学时：6
学习目标： 1. 掌握内燃机的基本术语、工作原理、构造、主要性能指标和型号编制规则； 2. 掌握传动系、行驶系、转向系和制动系； 3. 掌握液压传动和液力传动	
学习内容： 1. 内燃机认知； 2. 工程机械底盘认知； 3. 液压传动和液力传动	

续上表

<table>
<tr><td colspan="2">学习情境 1:工程机械认知</td><td>学时:6</td></tr>
<tr><td colspan="3">教学方法与策略:
教学方法:课堂多媒体 + 现场讲授 + 学生合作实训
策　　略:1. 集中指导;2. 分组学习</td></tr>
<tr><td>教学资源:
讲义、教案、多媒体课件、图片、模型、FLASH 动画、规程等。
企业资源:
工程机械操作规程、技术手册等</td><td colspan="2">对学生基础要求:
1. 具备基本的物理知识;
2. 了解四冲程发动机的工作原理</td></tr>
<tr><td colspan="2">学习情境 2:土方机械施工</td><td>学时:10</td></tr>
<tr><td colspan="3">学习目标:
1. 掌握推土机选型及使用;
2. 掌握铲运机选型及使用;
3. 掌握装载机选型及使用;
4. 掌握挖掘机选型及使用;
5. 掌握平地机选型及使用</td></tr>
<tr><td colspan="3">学习内容:
1. 推土机施工;
2. 铲运机施工;
3. 装载机施工;
4. 挖掘机施工;
5. 平地机施工</td></tr>
<tr><td colspan="3">教学方法与策略:
教学方法:1. 任务驱动教学法;2. 小组讨论法;3. 角色扮演法;4. 项目教学法。
策　　略:1. 集中指导;2. 分组学习</td></tr>
<tr><td>教学资源:
讲义、教案、多媒体课件、图片、模型、FLASH 动画、规程等。
企业资源:
工程机械操作规程、技术手册等</td><td colspan="2">对学生基础要求:
1. 具备工程机械基础知识;
2. 具备土质路基施工知识</td></tr>
<tr><td colspan="2">学习情境 3:石方机械施工</td><td>学时:4</td></tr>
<tr><td colspan="3">学习目标:
1. 掌握空气压缩机、凿岩机施工和破碎机械施选型及使用;
2. 掌握路基石方爆破机械选型及使用</td></tr>
<tr><td colspan="3">学习内容:
1. 空气压缩机、凿岩机施工和破碎机械施工;
2. 路基石方爆破施工</td></tr>
<tr><td colspan="3">教学方法与策略:
教学方法:1. 任务驱动教学法;2. 小组讨论法;3. 角色扮演法;4. 项目教学法。
策　　略:1. 集中指导;2. 分组学习</td></tr>
<tr><td>教学资源:
讲义、教案、多媒体课件、图片、模型、FLASH 动画、规程等。
企业资源:
工程机械操作规程、技术手册等</td><td colspan="2">对学生基础要求:
1. 具备工程机械基础知识;
2. 具备石方路基施工知识</td></tr>
</table>

续上表

<table>
<tr><td>学习情境4:压实机械施工</td><td>学时:6</td></tr>
<tr><td colspan="2">学习目标:
1. 熟悉静力式光轮压路机、振动压路机和轮胎压路机的特点;
2. 掌握压路机的选择;
3. 掌握压路机的施工作业</td></tr>
<tr><td colspan="2">学习内容:
1. 压路机选型;
2. 压路机的施工作业</td></tr>
<tr><td colspan="2">教学方法与策略:
教学方法:1. 任务驱动教学法;2. 小组讨论法;3. 角色扮演法;4. 项目教学法。
策　　略:1. 集中指导;2. 分组学习</td></tr>
<tr><td>教学资源:
讲义、教案、多媒体课件、图片、模型、FLASH 动画、规程等。
企业资源:
工程机械操作规程、技术手册等</td><td>对学生基础要求:
1. 具备工程机械基础知识;
2. 具备路基、路面压实施工知识</td></tr>
<tr><td>学习情境5:路面机械施工</td><td>学时:16</td></tr>
<tr><td colspan="2">学习目标:
1. 掌握路面基层机械施工作业;
2. 掌握沥青混合料路面机械施工作业;
3. 掌握水泥混凝土路面机械施工作业;
4. 掌握路面机械的选配</td></tr>
<tr><td colspan="2">学习内容:
1. 路面基层机械施工;
2. 沥青混合料路面机械施工;
3. 水泥混凝土路面机械施工;
4. 路面机械的选配</td></tr>
<tr><td colspan="2">教学方法与策略:
教学方法:1. 任务驱动教学法;2. 小组讨论法;3. 角色扮演法;4. 项目教学法。
策　　略:1. 集中指导;2. 分组学习</td></tr>
<tr><td>教学资源:
讲义、教案、多媒体课件、图片、模型、FLASH 动画、规程等。
企业资源:
工程机械操作规程、技术手册等</td><td>对学生基础要求:
1. 具备工程机械基础知识;
2. 具备路面工程施工知识</td></tr>
<tr><td>学习情境6:桥梁机械施工</td><td>学时:10</td></tr>
<tr><td colspan="2">学习目标:
1. 掌握桩工机械选型及使用;
2. 掌握水泥混凝土机械选型及使用;
3. 掌握起重机械选型及使用;
4. 掌握架桥机械选型及使用</td></tr>
</table>

续上表

<table>
<tr><td colspan="2">学习情境6:桥梁机械施工</td><td>学时:10</td></tr>
<tr><td colspan="3">学习内容:
1. 桩工机械施工;
2. 水泥混凝土机械施工;
3. 起重机械施工;
4. 架桥机械施工</td></tr>
<tr><td colspan="3">教学方法与策略:
教学方法:1. 任务驱动教学法;2. 小组讨论法;3. 角色扮演法;4. 项目教学法。
策　　略:1. 集中指导;2. 分组学习</td></tr>
<tr><td>教学资源:
讲义、教案、多媒体课件、图片、模型、FLASH 动画、规程等。
企业资源:
工程机械操作规程、技术手册等</td><td colspan="2">对学生基础要求:
1. 具备工程机械基础知识;
2. 具备桥梁工程施工知识</td></tr>
</table>

六、课程实施建议

(一)教材及参考资源建议

1. 教材

王定祥,尚晓梅. 工程机械施工[M]. 北京:人民交通出版社,2008.

2. 参考书

[1]张宏春. 公路机械化施工与管理[M]. 北京:人民交通出版社,2005.

[2]赵新庄,祁贵珍. 公路施工机械[M]. 北京:人民交通出版社,2002.

3. 其他

[1]国家精品课程网 http://course. jingpinke. com/

[2]中国工程机械商贸网 http://www. 21-sun. com/

[3]中国工程机械网 http://gongcheng. huangye88. com/

[4]国际工程机械网 http://www. inmachine. com/

(二)师资条件建议

(1)专任教师:具有高校教师资格证,具有公路工程施工实践工作经历,精通公路工程施工的基本理论与专业知识,具有较强的教科研能力。

(2)兼职教师:具有丰富的公路工程施工实践工作经验,具有中级以上专业技术职称或在职业技能竞赛中获得奖励,具有较强的教学组织能力。

(三)教学方法建议

针对具体的教学内容和教学过程,总体采用项目教学法。在具体教学方法中,运用任务引导法、案例法、小组协作学习法等多种方法组织教学,以学生为中心"做中学、学中做",让学生人人参与,培养学生团队协作能力和实践动手能力。

（四）教学评价建议

本课程采用过程考核，包括学习态度、课程作业、实践考核等，占课程总成绩的100%，全面综合评价学生能力。课程的考核办法如表4所示。

课程考核表 表4

考核项目		考核方式	比例	
			分项	总体
过程考核	学习态度	根据课堂教学参与情况、课堂回答问题、出勤情况，由教师综合评定学生的学习态度得分	30%	100%
	课程作业	根据学生完成课后作业、任务工单的情况，由教师来评定成绩	40%	
	实践考核	根据实践环节表现，由教师综合评定成绩	30%	
合计				100%

（课程标准制订人：方春虎）

附件15：《公路沿线设施施工》课程标准

一、课程定位

本课程定位如表1所示。

课程定位表 表1

课程名称及编号	公路沿线设施施工（520113）
课设学期及学时	第4学期，共54学时
课程类型	专业拓展学习领域
先导课程	工程制图与CAD、工程测量、工程岩土
平行课程	路基工程施工、公路勘测设计、机械化施工
后续课程	公路沿线设施检测、道路工程检测、桥梁现场检测

二、课程性质

本课程是高职类道路桥梁工程技术专业拓展学习领域之一，是以公路工程基本建设项目设计文件编制办法为主线，以现行《公路工程技术标准》为依据，兼顾不同等级公路，学习道路交通交通安全与管理设施、机电系统、服务设施及房屋建筑、公路交通环境污染及防治等主要内容。

三、课程设计思路

本课程在内容组织与安排上，遵循学生职业能力培养的基本规律，以公路沿线设施施工过程中真实的工作任务为载体，确定主题学习模块，将教学内容按照公路沿线设施的施工过程与进度进行序化。通过设置相应的学习情境，先教学生“学中做”，然后再教学生“做中学”，并引入相关的现行职业技能资格标准进行对照，真正做到“教、学、做”相结合，理论与实践一体化，实现操作知识与课程理论知识的深度融合。

四、课程目标

(一)知识目标

(1)熟悉交通工程及沿线设施的基本概念、设置方法及其适用范围;
(2)掌握各种交通工程及沿线设施的施工流程。

(二)能力目标

(1)能完成交通标志、交通标线、安全护栏、隔离设施等公路沿线设施的施工;
(2)能辅助相关技术人员对机电工程相关项目进行施工。

(三)素质目标

(1)具有可持续发展的能力;
(2)具有团队协作能力;
(3)具有收集和处理信息的能力;
(4)具有获取新知识的能力;
(5)具有综合运用所学知识分析和解决问题的能力;
(6)具有良好的职业道德和敬业精神。

五、课程内容与学习目标

(一)课程内容结构安排

本课程分交通工程及沿线设施认知等 5 个学习情境,下设交通工程及沿线设施认知等 18 个工作任务,具体见表 2。

课程内容结构安排一览表　　表 2

序号	学习情境	工作任务	参考学时
1	交通工程及沿线设施认知	交通工程及沿线设施认知	4
2	交通安全与管理设施施工	道路交通标志施工	4
		道路交通标线施工	4
		安全护栏施工	6
		防眩设施施工	4
		隔离封闭设施施工	4
		视线诱导设施施工	2
3	机电系统施工	照明系统施工	2
		通信系统施工	2
		供配电系统施工	2
		监控系统施工	2
		收费系统施工	2
4	服务设施及房屋建筑施工	停车区施工	4
		养护工区施工	4

续上表

序号	学习情境	工作任务	参考学时
5	公路交通环境污染及防治	公路交通大气污染及防治	2
		公路交通噪声污染及防治	2
		公路交通水污染及防治	2
		公路交通振动污染与防治	2
合计			54

(二)课程内容要求(表3)

课程内容要求 表3

<table>
<tr><td>学习情境1:交通工程及沿线设施认知</td><td>学时:4</td></tr>
<tr><td colspan="2">学习目标:
1. 熟悉交通工程及沿线设施设置的原则及等级的划分;
2. 了解交通工程及沿线设施的作用及设置规定</td></tr>
<tr><td colspan="2">学习内容:
交通工程及沿线设施认知</td></tr>
<tr><td colspan="2">教学方法与策略:
教学方法:1. 小组讨论法;2. 角色扮演法。
策　　略:1. 集中指导;2. 分组学习</td></tr>
<tr><td>教学资源:
讲义、教案、多媒体课件、图片、视频、规程、施工案例等</td><td>对学生基础要求:
1. 具有公路工程基础知识;
2. 具有一定的沟通协调能力</td></tr>
<tr><td>学习情境2:交通安全与管理设施施工</td><td>学时:24</td></tr>
<tr><td colspan="2">学习目标:
1. 熟悉各种交通安全与管理设施的主要特点;
2. 掌握标志标线、安全护栏、防眩设施等交通安全设施的施工方法</td></tr>
<tr><td colspan="2">学习内容:
1. 道路交通标志施工;
2. 道路交通标线施工;
3. 安全护栏施工;
4. 防眩设施施工;
5. 隔离封闭设施施工;
6. 视线诱导设施施工</td></tr>
<tr><td colspan="2">教学方法与策略:
教学方法:1. 小组讨论法;2. 角色扮演法。
策　　略:1. 集中指导;2. 分组学习</td></tr>
<tr><td>教学资源:
讲义、教案、多媒体课件、图片、视频、规程、施工案例等</td><td>对学生基础要求:
1. 具有公路工程基础知识;
2. 具有一定的沟通协调能力</td></tr>
</table>

续上表

学习情境3:机电系统施工	学时:10
学习目标: 1. 熟悉各等级公路机电系统的组成; 2. 能配合相关专业人员进行机电系统施工	
学习内容: 1. 照明系统施工; 2. 通信系统施工; 3. 供配电系统施工; 4. 监控系统施工; 5. 收费系统施工	
教学方法与策略: 教学方法:1. 小组讨论法;2. 角色扮演法。 策　　略:1. 集中指导;2. 分组学习	
教学资源: 讲义、教案、多媒体课件、图片、视频、规程、施工案例等	对学生基础要求: 1. 具有公路工程基础知识; 2. 具有一定的沟通协调能力
学习情境4:服务设施及房屋建筑施工	学时:8
学习目标: 1. 熟悉停车区及养护工区的设置要求; 2. 掌握停车区及养护工区的施工流程	
学习内容: 1. 停车区施工; 2. 养护工区施工	
教学方法与策略: 教学方法:1. 小组讨论法;2. 角色扮演法。 策　　略:1. 集中指导;2. 分组学习	
教学资源: 讲义、教案、多媒体课件、图片、视频、规程、施工案例等	对学生基础要求: 1. 具有公路工程基础知识; 2. 具有一定的沟通协调能力
学习情境5:公路交通环境污染及防治	学时:8
学习目标: 1. 熟悉大气、噪声、水、振动等污染的特点; 2. 掌握大气、噪声、水、振动等污染的防治措施	
学习内容: 1. 公路交通大气污染及防治; 2. 公路交通噪声污染及防治; 3. 公路交通水污染及防治; 4. 公路交通振动污染与防治	

续上表

<table>
<tr><td colspan="2">学习情境5:公路交通环境污染及防治</td><td>学时:8</td></tr>
<tr><td colspan="3">教学方法与策略:
教学方法:1.小组讨论法;2.角色扮演法。
策　　略:1.集中指导;2.分组学习</td></tr>
<tr><td>教学资源:
讲义、教案、多媒体课件、图片、视频、规程、施工案例等</td><td colspan="2">对学生基础要求:
1.具有公路工程基础知识;
2.具有一定的沟通协调能力</td></tr>
</table>

六、课程实施建议

(一)教材及参考资源建议

1.教材

王海春.公路交通工程及沿线设施概论[M].北京:人民交通出版社,2008.

2.参考书

[1]谢新宇.高速公路沿线设施施工[M].北京:人民交通出版社,2003.

[2]河北省公路管理局.高速公路交通工程及沿线设施[M].北京:人民交通出版社,2003.

3.规范规程

[1]中华人民共和国行业标准.JTG D80—2006　高速公路交通工程及沿线设施设计通用规范[S].北京:人民交通出版社,2006.

[2]中华人民共和国行业标准.JTG F71—2006　公路交通安全设施施工技术规范[S].北京:人民交通出版社,2006.

(二)师资条件建议

(1)专任教师:具有高校教师资格证,具有公路交通工程及沿线设施施工实践经历,精通公路交通工程施工的基本理论与专业知识,具有较强的教科研能力。

(2)兼职教师:具有丰富的公路交通工程及沿线设施施工实践经验,具有中级以上专业技术职称或在职业技能竞赛中获得奖励,具有较强的教学组织能力。

(三)试验实训条件建议

本课程的试验实训条件配置建议如表4所示。

试验实训条件配置建议表　　表4

实训室名称	主要设备名称	主要实训项目
路桥园综合实训基地	标志标线、安全护栏、照明系统等	交通安全设施认知

(四)教学方法建议

针对具体的教学内容和教学过程,总体采用项目教学法。在具体教学方法中,运用任务引导法、案例法、小组协作学习法等多种方法组织教学,以学生为中心"做中学、学中做",让学生人人参与,培养学生团队协作能力和实践动手能力。

(五)教学评价建议

本课程采用过程考核,包括学习态度、课程作业、实践考核等,占课程总成绩的100%,全面综合评价学生能力。课程的考核办法如表5所示。

课程考核表　　表5

考核项目		考核方式	比例	
			分项	总体
过程考核	学习态度	根据课堂教学参与情况、课堂回答问题、出勤情况,由教师综合评定学生的学习态度得分	30%	100%
	课程作业	根据学生完成课后作业、任务工单的情况,由教师来评定成绩	40%	
	实践考核	根据实践环节表现,由教师综合评定成绩	30%	
合计				100%

(课程标准制订人:黄群杰)

附件16:《隧道工程施工》课程标准

一、课程定位

本课程定位如表1所示。

课程定位表　　表1

课程名称及编号	隧道工程施工(520114)
课设学期及学时	第5学期,共48学时
课程类型	专业拓展学习领域
先导课程	工程力学、工程测量、工程制图与CAD、工程岩土
平行课程	路面工程施工、桥涵工程施工、道路工程检测
后续课程	隧道工程检测、公路工程资料管理、工程监理、公路养护与管理

二、课程性质

本课程是高职类道路桥梁工程技术专业拓展学习领域之一,其目标是在具备了隧道工程施工的基本知识、基本理论和决策方法的基础上,培养学生隧道施工和施工组织的能力,以及运用国家现行施工规范、规程、标准的能力,加强对隧道施工新技术、新工艺的应用探讨,促进学生处理实际工程问题的能力和施工组织管理能力的提高。

三、课程设计思路

按照职业岗位和职业能力培养的要求,本课程将学生职业能力培养的基本规律与课程系统化以及学生专业能力、方法能力和社会能力相结合，形成以企业真实生产项目为载体，以项目导向组织教学，以学生为中心，通过教师引导、教学做一体的工学结合教学模式，解决学生知识、技能、素质协调发展问题。

本课程在内容组织与安排上，遵循学生职业能力培养的基本规律，以隧道施工过程中真实的工作任务及工作过程为载体，确定主题学习模块，将教学内容按照隧道的施工过程与进度进行序化。通过设置相应的学习情境，先教学生“学中做”，然后再教学生“做中学”，并引入相关的现行职业技能资格标准进行对照，真正做到“教、学、做”相结合，理论与实践一体化，实现操作知识与课程理论知识的深度融合。

四、课程目标

（一）知识目标

（1）能说明隧道施工中各个阶段的主要施工工艺流程；

（2）能比较各种施工方法的主要特点并进行选择；

（3）能初步把握各个施工过程中的要点并进行控制；

（4）能根据施工技术规范，对每道工序的质量进行初步检查和控制；

（5）能进行常用的隧道工程施工计算，以确定施工过程中需要的各种数据；

（6）能了解隧道工程的竣（交）工验收。

（二）能力目标

（1）能识读并审核隧道施工图，编制隧道开工报告；

（2）能确定隧道施工质量控制指标，并能进行隧道施工放样；

（3）能根据具体工程，编制隧道工程实施性施工组织设计；

（4）能根据隧道施工技术规范，对隧道开挖、出渣、支护、衬砌等施工的每道工序进行初步质量检查和控制；

（5）能进行现场验收，并能完成资料整理与归档。

（三）素质目标

（1）具有可持续发展的能力；

（2）具有团队协作能力；

（3）具有收集和处理信息的能力；

（4）具有获取新知识的能力；

（5）具有综合运用所学知识分析和解决问题的能力；

（6）具有良好的职业道德和敬业精神。

五、课程内容与学习目标

（一）课程内容结构安排

本课程分隧道施工前期准备等4 个学习情境，下设施工图识读等13 个工作任务，具体见表2。

课程内容结构安排一览表 表2

序号	学习情境	工作任务	参考学时
1	隧道施工前期准备	施工图识读	4
		隧道准备工作	2
		隧道施工方案选定	4
2	一般地质隧道施工	隧道开挖	6
		装渣运输	4
		支护工程施工	6
		防排水工程施工	4
3	特殊地段隧道处理	辅助坑道选用	2
		软弱地段围岩加固	4
		隧道瓦斯处理	2
		隧道坍方处理	2
4	超长隧道施工	TBM 掘进机选型	2
		TBM 掘进机施工	6
合计			48

(二)课程内容要求(表3)

课 程 内 容 要 求 表3

<table>
<tr><td>学习情境1:隧道施工前期准备</td><td>参考学时:10</td></tr>
<tr><td colspan="2">学习目标:
1. 熟悉隧道施工图纸和衬砌洞门构造;
2. 掌握隧道施工准备内容;
3. 熟悉隧道三管两线的布置;
4. 掌握隧道开挖方法的选择</td></tr>
<tr><td colspan="2">学习内容:
1. 隧道结构及构造认识;
2. 隧道施工场地布置、风水电的供应以及机械设备的选用;
3. 隧道主要施工方法</td></tr>
<tr><td>教学资源:
1. 讲义、教案、多媒体课件、图片、模型、FLASH 动画等;
2. 任务工单等;
3. 施工案例、规范规程、施工手册等</td><td>对学生基础要求:
1. 能查阅资料、辨识岩石、绘制工程图;
2. 了解不同地质的特点;
3. 掌握角度测量等测量方法;
4. 具有一般分析能力</td></tr>
<tr><td>学习情境2:一般地质隧道施工</td><td>参考学时:20</td></tr>
<tr><td colspan="2">学习目标:
1. 掌握隧道爆破参数的选择要求和光面爆破的参数选择;
2. 熟悉装渣运输的方式选择要求,掌握机具设备的选型;
3. 掌握隧道支护工程的施工工艺,熟悉支护工程施工注意事项;
4. 熟悉隧道结构防排水的设施,掌握隧道防排水设施的施工</td></tr>
</table>

续上表

<table>
<tr><td>学习情境2:一般地质隧道施工</td><td>参考学时:20</td></tr>
<tr><td colspan="2">学习内容:
1. 隧道钻爆法开挖;
2. 出渣设备选择及运输组织;
3. 各种支护结构特点及施工工艺;
4. 防排水系统组成及施工工艺</td></tr>
<tr><td>教学资源:
1. 讲义、教案、多媒体课件、模型、动画等;
2. 任务工单等;
3. 施工案例、规范规程、施工手册等</td><td>对学生基础要求:
1. 能查阅资料、识读工程图;
2. 了解隧道工程的基础知识;
4. 具有一般分析能力</td></tr>
<tr><td>学习情境3:特殊地段隧道处理</td><td>参考学时:10</td></tr>
<tr><td colspan="2">学习目标:
1. 掌握辅助坑道技术条件和作用;
2. 能辨别特殊地质,熟悉特殊地段隧道处置方法;
3. 能进行紧急情况处置,具有坍方的预防和处理能力</td></tr>
<tr><td colspan="2">学习内容:
1. 辅助坑道选择及施工要点;
2 特殊地质地段隧道施工</td></tr>
<tr><td>教学资源:
1. 讲义、教案、多媒体课件、模型、动画等;
2. 任务工单等;
3. 施工案例、规范规程、施工手册等</td><td>对学生基础要求:
1. 能查阅资料、识读工程图;
2. 了解隧道工程的基础知识;
4. 具有一般分析能力</td></tr>
<tr><td>学习情境4:超长隧道施工</td><td>参考学时:8</td></tr>
<tr><td colspan="2">学习目标:
1. 了解 TBM 掘进机法的施工方法及特点;
2. 熟悉 TBM 掘进机施工供电、供水、通风及出渣进料系统;
3. 熟悉掘进机作业流程、各关键工序施工要点及质量控制措施;
4. 掌握管片拼装、背后注浆和防水接缝技术;
5. 能编制山岭隧道掘进机施工方案及相关技术交底书</td></tr>
<tr><td colspan="2">学习内容:
1. TBM 掘进机类型及构造;
2. TBM 掘进机的施工</td></tr>
<tr><td>教学资源:
1. 讲义、教案、多媒体课件、模型、动画等;
2. 任务工单等;
3. 施工案例、规范规程、施工手册等</td><td>对学生基础要求:
1. 能查阅资料、识读工程图;
2. 了解隧道工程的基础知识;
4. 具有一般分析能力</td></tr>
</table>

六、课程实施建议

(一)教材及参考资源建议

1. 教材

宋秀清,刘杰. 隧道施工[M]. 北京:人民交通出版社出版,2009.

2. 参考书

[1]周爱国. 隧道工程现场施工技术[M]. 北京:人民交通出版社,2010.

[2]王梦恕. 中国隧道与地下工程修建技术[M]. 北京:人民交通出版社,2010.

3. 规范规程

[1]中华人民共和国行业标准. JTG F60—2009　公路隧道施工技术规范[S]. 北京:人民交通出版社,2009.

[2]中华人民共和国行业标准. JTG F80/1—2004　公路工程质量检验评定标准[S]. 北京:人民交通出版社,2004.

(二)师资条件建议

(1)专任教师:具有高校教师资格证,具有隧道建设施工管理岗位工作经历,精通隧道工程施工相关的基本理论与专业知识,具有较强的教科研能力。

(2)兼职教师:具有5年以上隧道建设施工管理及相关岗位工作经历,有丰富的实际工作经验;具有中级以上专业技术职称或在职业技能竞赛中获得奖励;具有较强的教学组织能力。

(三)试验实训条件建议

本课程的试验实训条件配置建议如表4所示。

试验实训条件配置建议表　　表4

实训室名称	主要设备名称	主要实训项目
路桥园综合实训基地	1. 一般隧道的展示段; 2. 三管两线等临时设施; 3. 钢拱架、锚杆等支护设施; 4. 侧沟、盲管、防水卷材等防排水设施	1. 认识一般隧道的组成; 2. 认识隧道施工的临时设施; 3. 认识隧道的支护设施; 4. 认识隧道的防排水设施

(四)教学方法建议

针对具体的教学内容和教学过程,总体采用项目教学法。在具体教学方法中,运用任务引导法、案例法、小组协作学习法等多种方法组织教学,以学生为中心"做中学、学中做",让学生人人参与,培养学生团队协作能力和实践动手能力。

(五)教学评价建议

本课程采用过程考核,包括学习态度、课程作业、实践考核等,占课程总成绩的100%,全面综合评价学生能力。课程的考核办法如表5所示。

课程考核表 表5

考核项目		考核方式	比例	
			分项	总体
过程考核	学习态度	根据课堂教学参与情况、课堂回答问题、出勤情况，由教师综合评定学生的学习态度得分	30%	100%
	课程作业	根据学生完成课后作业、任务工单的情况，由教师来评定成绩	40%	
	实践考核	根据实践环节表现，由教师综合评定成绩	30%	
合计				100%

（课程标准制订人：柳伟）

附件17：《公路沿线设施检测》课程标准

一、课程定位

本课程定位如表1所示。

课程定位表 表1

课程名称及编号	公路沿线设施检测（520115）
课设学期及学时	第5学期，共48学时
课程类型	专业拓展学习领域
先导课程	公路沿线设施施工、路基工程施工、公路勘测设计
平行课程	桥涵工程施工、桥梁现场检测、道路工程检测
后续课程	隧道工程检测、工程监理

二、课程性质

本课程是高职类道路桥梁工程技术专业拓展学习领域之一，其目标是在具备了公路沿线设施施工的基本知识、基本理论和决策方法的基础上，培养学生公路沿线设施检测的能力，以及运用国家现行施工规范、规程、标准的能力，加强对公路沿线设施新技术、新工艺的应用探讨，促进学生处理实际工程问题的能力和施工组织管理能力的提高。

三、课程设计思路

本课程在内容组织与安排上，遵循学生职业能力培养的基本规律，以公路沿线设施检测过程中真实的工作任务及工作过程为载体，确定主题学习模块，将教学内容按照公路沿线设施的检测过程与进度进行序化。通过设置相应的学习情境，先教学生“学中做”，然后再教学生“做中学”，并引入相关的现行职业技能资格标准进行对照，真正做到“教、学、做”相结合，理论与实践一体化，实现操作知识与课程理论知识的深度融合。

四、课程目标

（一）知识目标

（1）熟悉交通安全设施产品的检测方法与评定；

(2)掌握道路交通标线的技术要求与检测方法；
(3)掌握路面标线涂料的技术要求和检测方法；
(4)掌握安全护栏的技术指标与检测方法；
(5)了解机电系统的技术指标与检测方法。

(二)能力目标

(1)能根据规范对交通标志、交通标线、安全护栏、隔离设施等的材料及施工质量进行评定；
(2)能辅助相关技术人员对机电工程相关项目进行检验检测工作。

(三)素质目标

(1)具有可持续发展的能力；
(2)具有团队协作能力；
(3)具有收集和处理信息的能力；
(4)具有获取新知识的能力；
(5)具有综合运用所学知识分析和解决问题的能力；
(6)具有良好的职业道德和敬业精神。

五、课程内容与学习目标

(一)课程内容结构安排

本课程分护栏质量检测等 7 个学习情境，下设双波形梁护栏质量检测等 18 个工作任务，具体见表 2。

课程内容结构安排一览表 表 2

序号	学习情境	工作任务	参考学时
1	护栏质量检测	双波形梁护栏质量检测	4
		三波形梁护栏质量检测	2
		混凝土护栏质量检测	4
		缆索护栏质量检测	2
2	交通标志质量检测	交通标志产品质量检测	2
		交通标志施工质量检测	4
3	交通标线质量检测	交通标线材料产品质量检测	2
		交通标线施工质量检测	4
4	视线诱导设施质量检测	视线诱导设施产品质量检测	2
		视线诱导设施施工质量检测	4
5	隔离设施质量检测	隔离设施产品质量检测	2
		隔离设施施工质量检测	4
6	防眩设施质量检测	防眩设施产品质量检测	2
		防眩设施施工质量检测	2

续上表

序号	学习情境	工作任务	参考学时
7	机电设施质量检测	监控设施质量检测	2
		收费设施质量检测	2
		通信设施质量检测	2
		供配电、照明设施质量检测	2
合计			48

(二)课程内容要求(表3)

课程内容要求 表3

<table>
<tr><td colspan="2">学习情境1:护栏质量检测</td><td>学时:12</td></tr>
<tr><td colspan="3">学习目标:
1. 能对现场的安全护栏进行辨认;
2. 能对各种护栏的产品及施工质量进行检验及评定</td></tr>
<tr><td colspan="3">学习内容:
1. 双波形梁护栏质量检测;
2. 三波形梁护栏质量检测;
3. 混凝土护栏质量检测;
4. 缆索护栏质量检测</td></tr>
<tr><td colspan="3">教学方法与策略:
教学方法:1. 任务驱动教学法;2. 小组讨论法;3. 角色扮演法;4. 项目教学法。
策　　略:1. 集中指导;2. 分组学习</td></tr>
<tr><td>教学资源:
讲义、教案、多媒体课件、实训指导书、任务工单、规程标准、检测案例等</td><td colspan="2">对学生基础要求:
1. 熟悉公路沿线设施基础知识;
2. 具有常见仪器设备的操作能力</td></tr>
<tr><td colspan="2">学习情境2:交通标志质量检测</td><td>学时:6</td></tr>
<tr><td colspan="3">学习目标:
1. 能对交通标志产品质量进行检验及评定;
2. 能对交通标志施工质量进行检验及评定</td></tr>
<tr><td colspan="3">学习内容:
1. 交通标志产品质量检测;
2. 交通标志施工质量检测</td></tr>
<tr><td colspan="3">教学方法与策略:
教学方法:1. 任务驱动教学法;2. 小组讨论法;3. 角色扮演法;4. 项目教学法。
策　　略:1. 集中指导;2. 分组学习</td></tr>
<tr><td>教学资源:
讲义、教案、多媒体课件、实训指导书、任务工单、规程标准、检测案例等</td><td colspan="2">对学生基础要求:
1. 熟悉公路沿线设施基础知识;
2. 具有常见仪器设备的操作能力</td></tr>
</table>

续上表

<table>
<tr><td colspan="2">学习情境3:交通标线质量检测</td><td>学时:6</td></tr>
<tr><td colspan="3">学习目标:
1.能对交通标线产品质量进行检验及评定;
2.能对交通标线施工质量进行检验及评定</td></tr>
<tr><td colspan="3">学习内容:
1.交通标线材料产品质量检测;
2.交通标线施工质量检测</td></tr>
<tr><td colspan="3">教学方法与策略:
教学方法:1.任务驱动教学法;2.小组讨论法;3.角色扮演法;4.项目教学法。
策　　略:1.集中指导;2.分组学习</td></tr>
<tr><td>教学资源:
讲义、教案、多媒体课件、实训指导书、任务工单、规程标准、检测案例等</td><td colspan="2">对学生基础要求:
1.熟悉公路沿线设施基础知识;
2.具有常见仪器设备的操作能力</td></tr>
<tr><td colspan="2">学习情境4:视线诱导设施质量检测</td><td>学时:6</td></tr>
<tr><td colspan="3">学习目标:
1.能对视线诱导设施产品质量进行检验及评定;
2.能对视线诱导设施施工质量进行检验及评定</td></tr>
<tr><td colspan="3">学习内容:
1.视线诱导设施产品质量检测;
2.视线诱导设施施工质量检测</td></tr>
<tr><td colspan="3">教学方法与策略:
教学方法:1.任务驱动教学法;2.小组讨论法;3.角色扮演法;4.项目教学法。
策　　略:1.集中指导;2.分组学习</td></tr>
<tr><td>教学资源:
讲义、教案、多媒体课件、实训指导书、任务工单、规程标准、检测案例等</td><td colspan="2">对学生基础要求:
1.熟悉公路沿线设施基础知识;
2.具有常见仪器设备的操作能力</td></tr>
<tr><td colspan="2">学习情境5:隔离设施质量检测</td><td>学时:6</td></tr>
<tr><td colspan="3">学习目标:
1.能对隔离设施产品质量进行检验及评定;
2.能对隔离设施施工质量进行检验及评定</td></tr>
<tr><td colspan="3">学习内容:
1.隔离设施产品质量检测;
2.隔离设施施工质量检测</td></tr>
<tr><td colspan="3">教学方法与策略:
教学方法:1.任务驱动教学法;2.小组讨论法;3.角色扮演法;4.项目教学法。
策　　略:1.集中指导;2.分组学习</td></tr>
<tr><td>教学资源:
讲义、教案、多媒体课件、实训指导书、任务工单、规程标准、检测案例等</td><td colspan="2">对学生基础要求:
1.熟悉公路沿线设施基础知识;
2.具有常见仪器设备的操作能力</td></tr>
</table>

续上表

<table>
<tr><td colspan="2">学习情境6:防眩设施质量检测</td><td>学时:4</td></tr>
<tr><td colspan="3">学习目标:
1. 能对防眩设施产品质量进行检验及评定;
2. 能对防眩设施施工质量进行检验及评定</td></tr>
<tr><td colspan="3">学习内容:
1. 防眩设施产品质量检测;
2. 防眩设施施工质量检测</td></tr>
<tr><td colspan="3">教学方法与策略:
教学方法:1. 任务驱动教学法;2. 小组讨论法;3. 角色扮演法;4. 项目教学法。
策　　略:1. 集中指导;2. 分组学习</td></tr>
<tr><td>教学资源:
讲义、教案、多媒体课件、实训指导书、任务工单、规程标准、检测案例等</td><td colspan="2">对学生基础要求:
1. 熟悉公路沿线设施基础知识;
2. 具有常见仪器设备的操作能力</td></tr>
<tr><td colspan="2">学习情境7:机电设施质量检测</td><td>学时:8</td></tr>
<tr><td colspan="3">学习目标:
1. 能协助相关技术人员对监控设施进行检验评定;
2. 能协助相关技术人员对收费设施进行检验评定;
3. 能协助相关技术人员对通信设施进行检验评定;
4. 能协助相关技术人员对供配电、照明设施进行检验评定</td></tr>
<tr><td colspan="3">学习内容:
1. 监控设施质量检测;
2. 收费设施质量检测;
3. 通信设施质量检测;
4. 供配电照明设施质量检测</td></tr>
<tr><td colspan="3">教学方法与策略:
教学方法:1. 任务驱动教学法;2. 小组讨论法;3. 角色扮演法;4. 项目教学法。
策　　略:1. 集中指导;2. 分组学习</td></tr>
<tr><td>教学资源:
讲义、教案、多媒体课件、实训指导书、任务工单、规程标准、检测案例等</td><td colspan="2">对学生基础要求:
1. 熟悉公路沿线设施基础知识;
2. 具有常见仪器设备的操作能力</td></tr>
</table>

六、课程实施建议

(一)教材及参考资源建议

1. 教材

王建军,韩荣良. 交通工程设施试验检测技术[M]. 北京:人民交通出版社,2004.

2. 参考书

韩文元,包左军. 交通安全设施及机电工程[M]. 北京:人民交通出版社,2014.

3. 规范规程

[1]中华人民共和国行业标准. JT/T 495—2014　公路交通安全设施质量检验抽样方法

[S].北京:人民交通出版社股份有限公司,2014.

[2]中华人民共和国行业标准.JTG F80/2—2004　公路工程质量检验评定标准[S].北京:人民交通出版社,2004.

(二)师资条件建议

(1)专任教师:具有高校教师资格证,具有公路工程检测岗位工作经历,精通公路工程检测相关的基本理论与专业知识,具有较强的教科研能力。

(2)兼职教师:具有5年以上公路工程检测及相关岗位工作经历,有丰富的实际工作经验;具有中级以上专业技术职称或在职业技能竞赛中获得奖励;具有较强的教学组织能力。

(三)试验实训条件建议

本课程的试验实训条件配置建议如表4所示。

试验实训条件配置建议表　　表4

实训室名称	主要设备名称	主要实训项目
道路检测实训室	钢卷尺、测厚仪、万能试验机、卡尺等	护栏质量检测、交通标志质量检测、交通标线质量检测等

(四)教学方法建议

针对具体的教学内容和教学过程,总体采用项目教学法。在具体教学方法中,运用任务引导法、案例法、小组协作学习法等多种方法组织教学,以学生为中心"做中学、学中做",让学生人人参与,培养学生团队协作能力和实践动手能力。

(五)教学评价建议

本课程采用过程考核,包括学习态度、课程作业、实践考核等,占课程总成绩的100%,全面综合评价学生能力。课程的考核办法如表5所示。

课程考核表　　表5

考核项目		考核方式	比例	
			分项	总体
过程考核	学习态度	根据课堂教学参与情况、课堂回答问题、出勤情况,由教师综合评定学生的学习态度得分	30%	100%
	课程作业	根据学生完成课后作业、任务工单的情况,由教师来评定成绩	40%	
	实践考核	根据实践环节表现,由教师综合评定成绩	30%	
合计				100%

(课程标准制订人:王彪)

附件18:《隧道工程检测》课程标准

一、课程定位

本课程定位如表1所示。

课程定位表 表1

课程名称及编号	隧道工程检测(520116)
课设学期及学时	第8学期,共36学时
课程类型	专业拓展学习领域
先导课程	公路勘测技术、桥涵工程施工、公路沿线设施施工、隧道工程施工
平行课程	工程招投标与工程造价、工程监理、公路工程资料管理
后续课程	毕业顶岗实习

二、课程性质

本课程是高职类道路桥梁工程技术专业拓展学习领域之一,其目标是在具备了隧道工程检测的基本知识、基本理论和决策方法的基础上,培养学生制订隧道工程检测方案,并对隧道进行现场检测的能力,以及运用国家现行施工规范、规程、标准的能力,了解隧道工程检测方面的新技术、新工艺等,促进学生处理实际工程问题能力的提高。

三、课程设计思路

按照职业岗位和职业能力培养的要求,本课程将学生职业能力培养的基本规律与课程系统化以及学生专业能力、方法能力和社会能力相结合,形成以企业真实生产项目为载体,以项目导向组织教学,以学生为中心,通过教师引导、教学做一体的工学结合教学模式,促进学生知识、技能、素质协调发展。

本课程在内容组织与安排上,遵循学生职业能力培养的基本规律,以隧道工程检测过程中真实的工作任务及工作过程为载体,确定主题学习模块,将教学内容按照隧道工程检测过程与进度进行序化。通过设置相应的学习情境,先教学生"学中做",然后再教学生"做中学",并引入相关的现行职业技能资格标准进行对照,真正做到"教、学、做"相结合,理论与实践一体化,实现操作知识与课程理论知识的深度融合。

四、课程目标

(一)知识目标

(1)能对超前支护施工过程进行质量检测;
(2)能掌握激光断面仪、地质雷达等仪器的原理和操作方法;
(3)能根据施工技术规范,对每道工序的质量进行初步检查和控制;
(4)能掌握常用的检测项目,并对检测数据进行分析整理。

(二)能力目标

(1)能独立进行注浆材料性能试验和注浆效果检查;
(2)能熟练操作激光断面仪,并用激光断面仪对超欠挖情况进行测定;
(3)能独立对锚杆加工质量与安装尺寸进行检测;
(4)能在协作的条件下对喷射混凝土质量进行检测,以及对锚杆做拉拔力测试;

(5)能用回弹法、超声波法、超声回弹综合法对混凝土强度进行检测；
(6)能在协作的条件下应用地质雷达法探测二次衬砌质量；
(7)能借助各种检测方法，分辨常见地质灾害。

(三)素质目标

(1)具有可持续发展的能力；
(2)具有团队协作能力；
(3)具有收集和处理信息的能力；
(4)具有获取新知识的能力；
(5)具有综合运用所学知识分析和解决问题的能力；
(6)具有良好的职业道德和敬业精神。

五、课程内容与学习目标

(一)课程内容结构安排

本课程分超前支护施工质量检测等5个学习情境，下设注浆材料性能试验等12个工作任务，具体见表2。

课程内容结构安排一览表　　表2

序号	学习情境	工作任务	参考学时
1	超前支护施工质量检测	注浆材料性能试验	2
		超前支护施工质量控制	2
2	隧道开挖施工监控与检测	开挖施工质量检测	4
		隧道施工变形量测	4
		隧道超前地质预报	2
3	初期支护施工质量检测	锚杆质量检测	4
		喷射混凝土质量检测	4
		钢支撑施工质量检测	2
4	防排水材料施工质量检测	防排水材料性能试验	2
		防排水施工质量检查	4
5	混凝土衬砌施工质量检测	混凝土施工过程检查	2
		混凝土缺陷检测	4
合计			36

(二)课程内容要求(表3)

课程内容要求　　表3

学习情境1：超前支护施工质量检测	参考学时：4
学习目标： 1. 熟悉注浆材料的主要性能参数及试验方法； 2. 熟悉超前支护施工质量参数及质量保障措施	

续上表

<table>
<tr><td>学习情境1:超前支护施工质量检测</td><td>参考学时:4</td></tr>
<tr><td colspan="2">学习内容:
1. 注浆材料性能试验;
2. 超前支护施工质量控制</td></tr>
<tr><td>教学资源:
1. 讲义、教案等;
2. 案例、规范规程、仪器使用手册等</td><td>对学生基础要求:
1. 熟悉超前支护施工基础知识;
2. 具有一般分析能力</td></tr>
<tr><td>学习情境2:隧道开挖施工监控与检测</td><td>参考学时:10</td></tr>
<tr><td colspan="2">学习目标:
1. 能用激光断面仪对超欠挖情况进行检测;
2. 熟悉隧道施工变形量测的量测项目、测点布置等;
3. 熟悉各量测项目的检测方法、量测频率、数据处理等;
4. 能采用地质雷达法等对地质情况进行检查</td></tr>
<tr><td colspan="2">学习内容:
1. 开挖施工质量检测;
2. 隧道施工变形量测;
3. 隧道超前地质预报</td></tr>
<tr><td>教学资源:
1. 讲义、教案等;
2. 案例、规范规程、仪器使用手册等</td><td>对学生基础要求:
1. 熟悉隧道开挖施工基础知识;
2. 具有一般分析能力</td></tr>
<tr><td>学习情境3:初期支护施工质量检测</td><td>参考学时:10</td></tr>
<tr><td colspan="2">学习目标:
1. 能对锚杆的安装及锚固质量进行检测;
2. 能对喷射混凝土的尺寸及强度等进行检测;
3. 能对钢支撑的加工及安装质量进行检测</td></tr>
<tr><td colspan="2">学习内容:
1. 锚杆质量检测;
2. 喷射混凝土质量检测;
3. 钢支撑施工质量检测</td></tr>
<tr><td>教学资源:
1. 讲义、教案等;
2. 案例、规范规程、仪器使用手册等</td><td>对学生基础要求:
1. 熟悉初期支护施工基础知识;
2. 具有一般分析能力</td></tr>
<tr><td>学习情境4:防排水材料施工质量检测</td><td>参考学时:6</td></tr>
<tr><td colspan="2">学习目标:
1. 能对土工织物及防水卷材进行物理性能试验和力学性能试验;
2. 能对混凝土进行抗渗性试验;
3. 能在现场对防水板施工质量进行检查</td></tr>
<tr><td colspan="2">学习内容:
1. 防排水材料性能试验;
2. 防排水施工质量检查</td></tr>
</table>

续上表

学习情境4:防排水材料施工质量检测	参考学时:6
教学资源: 1. 讲义、教案等; 2. 案例、规范规程、仪器使用手册等	对学生基础要求: 1. 熟悉防排水设施施工基础知识; 2. 具有一般分析能力
学习情境5:混凝土衬砌施工质量检测	参考学时:6
学习目标: 1. 能对混凝土施工过程进行质量检查及控制; 2. 能采用地质雷达法、超声波法等对混凝土衬砌缺陷进行检测	
学习内容: 1. 混凝土施工过程检查; 2. 混凝土缺陷检测	
教学资源: 1. 讲义、教案等; 2. 案例、规范规程、仪器使用手册等	对学生基础要求: 1. 熟悉混凝土衬砌施工基础知识; 2. 具有一般分析能力

六、课程实施建议

(一)教材及参考资源建议

1. 教材

陈建勋,马建秦. 隧道工程试验检测技术[M]. 北京:人民交通出版社,2012.

2. 参考书

[1]范智杰. 隧道施工与检测技术[M]. 北京:人民交通出版社,2006.

[2]金桃,张美珍. 公路工程检测技术[M]. 北京:人民交通出版社,2009.

3. 规范规程

[1]中华人民共和国行业标准. JTG F80/1—2004　公路工程质量检验评定标准[S]. 北京:人民交通出版社,2004.

[2]中华人民共和国行业标准. JTG F60—2009　公路隧道施工技术规范[S]. 北京:人民交通出版社,2009.

[3]中华人民共和国行业标准. JTG/T F60—2009　公路隧道施工技术细则[S]. 北京:人民交通出版社,2009.

[4]中华人民共和国行业标准. JGJ/T 23—2011　回弹法检测混凝土抗压强度技术标准[S]. 北京:中国建筑工业出版社,2011.

(二)师资条件建议

(1)专任教师:具有高校教师资格证,具有隧道工程试验检测岗位工作经历,精通公路工程检测相关的基本理论与专业知识,具有较强的教科研能力。

(2)兼职教师:具有5年以上隧道工程试验检测及相关岗位工作经历,有丰富的实际工作经验;具有中级以上专业技术职称或在职业技能竞赛中获得奖励;具有较强的教学组织能力。

(三)试验实训条件建议

本课程的试验实训条件配置建议如表4。

试验实训条件配置建议表 表4

实训室名称	主要设备名称	主要实训项目
路桥园综合实训基地	隧道工程试验段	锚杆抗拔力检测、喷射混凝土厚度检测、开挖质量检测、周边收敛检测、衬砌混凝土强度检测等
桥隧检测实训室	锚杆拉拔仪、地质雷达、激光断面仪、收敛计、回弹仪、非金属超声检测仪等	

(四)教学方法建议

针对具体的教学内容和教学过程,总体采用项目教学法。在具体教学方法中,运用任务引导法、案例法、小组协作学习法等多种方法组织教学,以学生为中心"做中学、学中做",让学生人人参与,培养学生团队协作能力和实践动手能力。

(五)教学评价建议

本课程采用过程考核、综合考核等多元性评价,其中过程考核包括学习态度、课程作业等,占课程总成绩的40%,综合考核包括实践考核、期末考试等,占课程总成绩的60%,全面综合评价学生能力。课程的考核办法如表5所示。

课程考核表 表5

考核项目		考核方式	比例	
			分项	总体
过程考核	学习态度	根据课堂教学参与情况、课堂回答问题、出勤情况,由教师综合评定学生的学习态度得分	50%	40%
	课程作业	根据学生完成课后作业、任务工单的情况,由教师来评定成绩	50%	
综合考核		结合期末考试、实践考核等综合评定成绩	100%	60%
合计				100%

(课程标准制订人:席强伟)

附件19:《工程招投标与工程造价》课程标准

一、课程定位

本课程定位如表1所示。

课程定位表 表1

课程名称及编号	工程招投标与工程造价(520117)
课设学期及学时	第8学期,共60学时
课程类型	专业拓展学习领域
先导课程	路基工程施工、路面工程施工、桥涵工程施工、道路工程检测、桥梁现场检测
平行课程	隧道工程检测、工程监理、公路养护与管理
后续课程	毕业顶岗实习

二、课程性质

本课程是高职类道路桥梁工程技术专业拓展学习领域之一,目标是让学生认识招投标基础知识,具有独立编制施工组织设计与测算造价的能力,能够编制投标文件。

三、课程设计思路

该课程是依据公路工程造价工作项目设置的,以一个真实的公路工程项目为载体,以投标书编制过程为主线,重点选取了项目勘察设计、招投标和施工阶段的各种造价文件,以招投标全过程为主线,确定教学情境,通过每个学习情境的学习,完成与其对应的工作任务,实现对学生职业能力的培养目标。

四、课程目标

(一)知识目标

(1)熟悉公路工程招投标程序及相关文书;
(2)熟悉公路工程设计概算文件的编制;
(3)掌握公路工程投标报价及投标文件编制;
(4)掌握工程费用结算,熟悉竣工决算报告编制;
(5)掌握公路工程造价软件,并编制各类公路工程造价文件。

(二)能力目标

(1)能根据法律、法规等的要求,编制相关文书;
(2)能根据法律、法规等的要求,组织投标预备会、开标会议、评标会议;
(3)能根据法律、法规等的要求,处理招投标活动中的程序性事物。

(三)素质目标

(1)具有可持续发展的能力;
(2)具有团队协作能力;
(3)具有收集和处理信息的能力;
(4)具有获取新知识的能力;
(5)具有综合运用所学知识分析和解决问题的能力;
(6)具有良好的职业道德和敬业精神。

五、课程内容与学习目标

(一)课程内容结构安排

本课程分公路工程造价认知等 7 个学习情境,下设公路工程造价组成等 19 个工作任务,具体见表 2。

课程内容结构安排一览表　　表 2

序号	学习情境	工作任务	参考学时
1	公路工程造价认知	公路工程造价组成	2
		公路工程造价管理	2
2	工程项目划分与工程量复核	工程项目划分	2
		工程量核对	4
3	公路工程定额套用	路基工程定额套用	4
		路面工程定额套用	2
		桥涵工程定额套用	4
		隧道工程定额套用	2
		其他工程定额套用	2
4	公路工程预算单价确定	人工、施工机械台班预算单价确定	4
		材料预算单价计算	4
5	公路工程概预算文件编制	直接费计算	4
		建筑安装工程费计算	2
		公路施工图预算其他费用计算	2
		公路工程概预算文件编制	4
6	公路工程施工招标投标	公路工程施工投标前期准备	4
		公路工程施工投标报价编制	4
7	公路工程造价软件应用	公路工程造价系统安装	2
		公路工程造价系统使用	6
合计			60

(二)课程内容要求(表 3)

课 程 内 容 要 求　　表 3

学习情境 1:公路工程造价认知	学时:4
学习目标: 1. 了解公路基本建设项目的投资、资金来源与管理; 2. 熟悉公路工程造价的构成与种类; 3. 熟悉公路工程造价的控制与管理内容	
学习内容: 1. 公路工程造价构成; 2. 公路工程造价管理	

续上表

学习情境1:公路工程造价认知	学时:4
教学方法与策略: 教学方法:1. 任务驱动教学法;2. 小组讨论法;3. 角色扮演法;4. 项目教学法。 策　　略:1. 集中指导;2. 分组学习	
教学资源: 讲义、多媒体课件、任务工单、规范标准等。 企业资源: 案例等	对学生基础要求: 1. 计算机应用能力; 2. 规范、标准的使用能力; 3. 沟通协调能力
学习情境2:工程项目划分与工程量复核	学时:6
学习目标: 1. 能完成工程项目划分; 2. 能进行工程量复核	
学习内容: 1. 工程项目划分; 2. 工程量复核	
教学方法与策略: 教学方法:1. 任务驱动教学法;2. 小组讨论法;3. 角色扮演法;4. 项目教学法。 策　　略:1. 集中指导;2. 分组学习	
教学资源: 讲义、多媒体课件、任务工单、规范标准等。 企业资源: 案例等	对学生基础要求: 1. 计算机应用能力; 2. 规范、标准的使用能力; 3. 沟通协调能力
学习情境3:公路工程定额套用	学时:14
学习目标: 1. 能完成公路工程定额的套用; 2. 能进行公路工程定额的换算调整计算	
学习内容: 1. 路基工程定额套用; 2. 路面工程定额套用; 3. 桥涵工程定额套用; 4. 隧道工程定额套用; 5. 其他工程定额套用	
教学方法与策略: 教学方法:1. 任务驱动教学法;2. 小组讨论法;3. 角色扮演法;4. 项目教学法。 策　　略:1. 集中指导;2. 分组学习	
教学资源: 讲义、多媒体课件、任务工单、规范标准等。 企业资源: 案例等	对学生基础要求: 1. 计算机应用能力; 2. 规范、标准的使用能力; 3. 沟通协调能力

续上表

<table>
<tr><td>学习情境4:公路工程预算单价确定</td><td>学时:8</td></tr>
<tr><td colspan="2">学习目标:
1. 能完成公路工程人工、施工机械台班预算单价确定;
2. 能进行公路工程材料预算单价计算</td></tr>
<tr><td colspan="2">学习内容:
1. 人工、施工机械台班预算单价确定;
2. 材料预算单价计算</td></tr>
<tr><td colspan="2">教学方法与策略:
教学方法:1. 任务驱动教学法;2. 小组讨论法;3. 角色扮演法;4. 项目教学法。
策　　略:1. 集中指导;2. 分组学习</td></tr>
<tr><td>教学资源:
讲义、多媒体课件、任务工单、规范标准等。
企业资源:
案例等</td><td>对学生基础要求:
1. 计算机应用能力;
2. 规范、标准的使用能力;
3. 沟通协调能力</td></tr>
<tr><td>学习情境5:公路工程概预算文件编制</td><td>学时:12</td></tr>
<tr><td colspan="2">学习目标:
1. 了解公路工程概预算费用、项目及文件的组成;
2. 熟悉公路工程概预算的编制依据;
3. 会计算公路工程概预算的各项费用</td></tr>
<tr><td colspan="2">学习内容:
1. 直接费计算;
2. 建筑安装工程费计算;
3. 公路施工图预算其他费用计算;
4. 公路工程概预算文件编制</td></tr>
<tr><td colspan="2">教学方法与策略:
教学方法:1. 任务驱动教学法;2. 小组讨论法;3. 角色扮演法;4. 项目教学法。
策　　略:1. 集中指导;2. 分组学习</td></tr>
<tr><td>教学资源:
讲义、多媒体课件、任务工单、规范标准等。
企业资源:
案例等</td><td>对学生基础要求:
1. 计算机应用能力;
2. 规范、标准的使用能力;
3. 沟通协调能力</td></tr>
<tr><td>学习情境6:公路工程施工招标投标</td><td>学时:8</td></tr>
<tr><td colspan="2">学习目标:
1. 了解公路工程施工投标程序;
2. 能进行公路工程施工投标资格预审、开标、评标、定标及合同签订等;
3. 会编制公路工程施工投标报价文件</td></tr>
<tr><td colspan="2">学习内容:
1. 公路工程施工投标前期准备;
2. 公路工程施工投标报价编制</td></tr>
</table>

续上表

学习情境6:公路工程施工招标投标	学时:8
教学方法与策略: 教学方法:1. 任务驱动教学法;2. 小组讨论法;3. 角色扮演法;4. 项目教学法。 策　　略:1. 集中指导;2. 分组学习	
教学资源: 讲义、多媒体课件、任务工单、规范标准等。 企业资源: 案例等	对学生基础要求: 1. 计算机应用能力; 2. 规范、标准的使用能力; 3. 沟通协调能力
学习情境7:公路工程造价软件应用	学时:8
学习目标: 1. 能进行公路工程造价软件安装; 2. 会使用各种公路工程造价软件进行概预算编制	
学习内容: 1. 公路工程造价软件安装; 2. 公路工程造价软件使用	
教学方法与策略: 教学方法:1. 任务驱动教学法;2. 小组讨论法;3. 角色扮演法;4. 项目教学法。 策　　略:1. 集中指导;2. 分组学习	
教学资源: 讲义、多媒体课件、任务工单、规范标准等。 企业资源: 案例等	对学生基础要求: 1. 计算机应用能力; 2. 规范、标准的使用能力; 3. 沟通协调能力

六、课程实施建议

(一)教材及参考资源建议

1. 教材

俞素平,丁永灿. 公路工程造价与招投标[M]. 北京:人民交通出版社,2011.

2. 参考书

[1]高峰,张求书. 公路工程造价与招投标[M]. 北京:北京理工大学出版社,2014.

[2]焦莉. 公路工程造价与招投标[M]. 北京:高等教育出版社,2009.

3. 规范规程

中华人民共和国行业标准. JTG/T B06-02—2007　公路工程预算定额[S]. 北京:人民交通出版社,2007.

(二)师资条件建议

(1)专任教师:具有高校教师资格证,具有工程经营岗位工作经历,精通工程造价与招投标相关的基本理论与专业知识,具有较强的教科研能力。

(2)兼职教师:具有5年以上工程经营及相关岗位工作经历,有丰富的实际工作经验;具有中级以上专业技术职称或在职业技能竞赛中获得奖励;具有较强的教学组织能力。

（三）试验实训条件建议

本课程的试验实训条件配置建议如表4所示。

试验实训条件配置建议表　　表4

实训室名称	主要设备名称	主要实训项目
交通工程档案教学培训中心	高速公路工程档案等	公路工程投标文件认知
工程软件实训室	计算机、公路工程造价软件等	工程造价实训

（四）教学方法建议

针对具体的教学内容和教学过程，总体采用项目教学法。在具体教学方法中，运用任务引导法、案例法、小组协作学习法等多种方法组织教学，以学生为中心“做中学、学中做”，让学生人人参与，培养学生团队协作能力和实践动手能力。

（五）教学评价建议

本课程采用过程考核、综合考核等多元性评价，其中过程考核包括学习态度、课程作业等，占课程总成绩的40%，综合考核包括期末考试、实践考核等，占课程总成绩的60%，全面综合评价学生能力。课程的考核办法如表5所示。

课程考核表　　表5

考核项目		考核方式	比例	
			分项	总体
过程考核	学习态度	根据课堂教学参与情况、课堂回答问题、出勤情况，由教师综合评定学生的学习态度得分	50%	40%
	课程作业	根据学生完成课后作业、任务工单的情况，由教师来评定成绩	50%	
综合考核		结合期末考试、实践考核等综合评定成绩	100%	60%
合计				100%

（课程标准制订人：胡云卿）

附件20：《工程监理》课程标准

一、课程定位

本课程定位如表1所示。

课程定位表　　表1

课程名称及编号	工程监理（520118）
课设学期及学时	第8学期，共48学时
课程类型	专业拓展学习领域
先导课程	路基工程施工、路面工程施工、桥涵工程施工、道路工程检测、桥梁现场检测
平行课程	隧道工程检测、公路工程资料管理、公路养护与管理
后续课程	毕业顶岗实习

二、课程性质

本课程是高职类道路桥梁工程技术专业拓展学习领域之一。本课程的任务是使学生掌握如何通过组织、技术、经济、合同四大措施来实施工程项目质量、进度、费用三大目标的控制,如何进行组织协调与信息管理。

三、课程设计思路

本课程在教学中宜采用理论和实践相结合的教学方法,强调重点和难点,加强实训,培养学生组织工程施工和解决施工中实际问题的初步能力。根据典型施工任务,设计学习情境,培养学生服务一线的基本工作能力。

四、课程目标

(一)知识目标

(1)掌握公路工程施工进度计划的编制、审批及控制;
(2)掌握公路工程各个施工阶段质量监理的内容与方法;
(3)掌握公路工程施工费用监理中的工程计量、清单支付、合同支付等;
(4)熟悉公路工程施工安全监理的内容与方法;
(5)熟悉公路工程施工环境保护监理的内容与方法;
(6)熟悉公路工程施工合同管理、信息管理、组织协调等的内容与方法。

(二)能力目标

(1)能够熟练选择并运用各种方法进行进度控制、质量控制等;
(2)能在公路工程施工阶段进行工程计量、清单支付、合同支付等各项费用监理;
(3)会进行公路工程施工安全监理、环境保护监理等;
(4)会进行公路工程施工合同管理、信息管理、组织协调等。

(三)素质目标

(1)具备良好的职业道德修养,能遵守职业道德规范;
(2)能灵活处理施工现场出现的各种特殊情况;
(3)具有合作精神和协调能力,善于交流,诚信、开朗;
(4)具有自主学习能力,具有一定的分析能力。

五、课程内容与学习目标

(一)课程内容结构安排

本课程分公路工程施工监理认知等 9 个学习情境,下设施工监理认知等 22 个工作任务,具体见表 2。

课程内容结构安排一览表 表2

序号	学 习 情 境	工 作 任 务	参考学时
1	公路工程施工监理认知	施工监理认知	2
		施工监理组织	2
2	公路工程施工进度监理	进度计划编制	4
		进度计划审批	2
		进度计划控制	2
3	公路工程施工质量监理	施工准备阶段质量监理	2
		施工阶段质量监理	4
		交工及缺陷责任期质量监理	2
4	公路工程施工费用监理	工程计量	4
		清单支付	2
		合同支付	2
5	公路工程施工安全监理	施工安全监理认知	2
		施工安全监理组织	2
6	公路工程施工环境保护监理	施工环保监理认知	2
		施工环保监理组织	2
7	公路工程施工合同管理	工程分包与变更	2
		工程延期与索赔	2
		违约、争端与保险的处理	2
8	公路工程施工信息管理	监理信息管理认知	1
		施工监理信息管理	1
9	公路工程施工组织协调	施工组织协调认知	2
		工地会议组织	2
合计			48

(二)课程内容要求(表3)

课 程 内 容 要 求 表3

学习情境1:公路工程施工监理认知	学时:4
学习目标: 1. 了解公路施工监理阶段划分,监理工作的依据、范围和方法; 2. 熟悉与公路工程监理有关的行为主体、公路施工监理组织与职权; 3. 掌握监理单位资质等级标准和业务范围	
学习内容: 1. 公路施工监理阶段划分; 2. 监理工作的依据、范围和方法; 3. 与公路工程监理有关的行为主体; 4. 监理单位资质等级标准和业务范围; 5. 公路施工监理组织与职权	

续上表

<table>
<tr><td>学习情境1:公路工程施工监理认知</td><td>学时:4</td></tr>
<tr><td colspan="2">教学方法与策略:
教学方法:1. 小组讨论法;2. 角色扮演法。
策　　略:1. 集中指导;2. 分组学习</td></tr>
<tr><td>教学资源:
讲义、教案、多媒体课件、图片、规程等。
企业资源:
案例等</td><td>对学生基础要求:
1. 计算机的应用能力;
2. 规范、标准的使用能力;
3. 沟通协调能力</td></tr>
<tr><td>学习情境2:公路工程施工进度监理</td><td>学时:8</td></tr>
<tr><td colspan="2">学习目标:
1. 掌握进度计划的形式及编制;
2. 熟悉进度计划的审批程序;
3. 掌握进度计划的控制方法</td></tr>
<tr><td colspan="2">学习内容:
1. 进度计划编制;
2. 进度计划审批;
3. 进度计划控制</td></tr>
<tr><td colspan="2">教学方法与策略:
教学方法:1. 小组讨论法;2. 角色扮演法。
策　　略:1. 集中指导;2. 分组学习。</td></tr>
<tr><td>教学资源:
讲义、教案、多媒体课件、图片、规程等。
企业资源:
案例等</td><td>对学生基础要求:
1. 计算机的应用能力;
2. 规范、标准的使用能力;
3. 沟通协调能力</td></tr>
<tr><td>学习情境3:公路工程施工质量监理</td><td>学时:8</td></tr>
<tr><td colspan="2">学习目标:
1. 掌握施工准备阶段质量监理的内容与方法;
2. 掌握施工阶段质量监理的内容与方法;
3. 掌握交工及缺陷责任期质量监理的内容与方法</td></tr>
<tr><td colspan="2">学习内容:
1. 施工准备阶段质量监理;
2. 施工阶段质量监理;
3. 交工及缺陷责任期质量监理</td></tr>
<tr><td colspan="2">教学方法与策略:
教学方法:1. 小组讨论法;2. 角色扮演法。
策　　略:1. 集中指导;2. 分组学习。</td></tr>
<tr><td>教学资源:
讲义、教案、多媒体课件、图片、规程等。
企业资源:
案例等</td><td>对学生基础要求:
1. 计算机的应用能力;
2. 规范、标准的使用能力;
3. 沟通协调能力</td></tr>
</table>

续上表

<table>
<tr><td>学习情境 4:公路工程施工费用监理</td><td>学时:8</td></tr>
<tr><td colspan="2">学习目标:
1. 掌握工程量清单的内容、工程计量的方法;
2. 掌握清单支付、合同支付的原则与程序等;
3. 熟悉支付证书及支付表格的内容与规格</td></tr>
<tr><td colspan="2">学习内容:
1. 工程计量;
2. 清单支付;
3. 合同支付</td></tr>
<tr><td colspan="2">教学方法与策略:
教学方法:1. 小组讨论法;2. 角色扮演法。
策　　略:1. 集中指导;2. 分组学习</td></tr>
<tr><td>教学资源:
讲义、教案、多媒体课件、图片、规程等。
企业资源:
案例等</td><td>对学生基础要求:
1. 计算机的应用能力;
2. 规范、标准的使用能力;
3. 沟通协调能力</td></tr>
<tr><td>学习情境 5:公路工程施工安全监理</td><td>学时:4</td></tr>
<tr><td colspan="2">学习目标:
1. 熟悉公路工程施工安全监理的内容;
2. 熟悉公路工程施工安全监理的流程</td></tr>
<tr><td colspan="2">学习内容:
1. 公路工程施工安全监理的主要内容;
2. 公路工程施工安全监理的基本流程</td></tr>
<tr><td colspan="2">教学方法与策略:
教学方法:1. 小组讨论法;2. 角色扮演法。
策　　略:1. 集中指导;2. 分组学习</td></tr>
<tr><td>教学资源:
讲义、教案、多媒体课件、图片、规程等。
企业资源:
案例等</td><td>对学生基础要求:
1. 计算机的应用能力;
2. 规范、标准的使用能力;
3. 沟通协调能力</td></tr>
<tr><td>学习情境 6:公路工程施工环境保护监理</td><td>学时:4</td></tr>
<tr><td colspan="2">学习目标:
1. 熟悉公路工程施工环境保护监理的内容;
2. 熟悉公路工程施工环境保护监理的流程</td></tr>
<tr><td colspan="2">学习内容:
1. 公路工程施工环境保护监理的主要内容;
2. 公路工程施工环境保护监理的基本流程</td></tr>
<tr><td colspan="2">教学方法与策略:
教学方法:1. 小组讨论法;2. 角色扮演法。
策　　略:1. 集中指导;2. 分组学习</td></tr>
</table>

续上表

<table>
<tr><td>学习情境6:公路工程施工环境保护监理</td><td>学时:4</td></tr>
<tr><td>教学资源:
讲义、教案、多媒体课件、图片、规程等。
企业资源:
案例等</td><td>对学生基础要求:
1. 计算机的应用能力;
2. 规范、标准的使用能力;
3. 沟通协调能力</td></tr>
<tr><td>学习情境7:公路工程施工合同管理</td><td>学时:6</td></tr>
<tr><td colspan="2">学习目标:
1. 熟悉公路工程施工合同的规范文本;
2. 掌握公路工程施工的工程分包与变更;
3. 掌握公路工程施工的工程延期与索赔;
4. 掌握公路工程施工的违约、争端与保险的处理</td></tr>
<tr><td colspan="2">学习内容:
1. 工程分包与变更;
2. 工程延期与索赔;
3. 违约、争端与保险的处理</td></tr>
<tr><td colspan="2">教学方法与策略:
教学方法:1. 小组讨论法;2. 角色扮演法。
策　　略:1. 集中指导;2. 分组学习</td></tr>
<tr><td>教学资源:
讲义、教案、多媒体课件、图片、规程等。
企业资源:
案例等</td><td>对学生基础要求:
1. 计算机的应用能力;
2. 规范、标准的使用能力;
3. 沟通协调能力</td></tr>
<tr><td>学习情境8:公路工程施工信息管理</td><td>学时:2</td></tr>
<tr><td colspan="2">学习目标:
1. 熟悉公路工程施工信息管理的内容;
2. 熟悉公路工程施工信息管理的方法</td></tr>
<tr><td colspan="2">学习内容:
1. 公路工程施工信息管理的主要内容;
2. 公路工程施工信息管理的主要方法</td></tr>
<tr><td colspan="2">教学方法与策略:
教学方法:1. 小组讨论法;2. 角色扮演法。
策　　略:1. 集中指导;2. 分组学习</td></tr>
<tr><td>教学资源:
讲义、教案、多媒体课件、图片、规程等。
企业资源:
案例等</td><td>对学生基础要求:
1. 计算机的应用能力;
2. 规范、标准的使用能力;
3. 沟通协调能力</td></tr>
<tr><td>学习情境9:公路工程施工组织协调</td><td>学时:4</td></tr>
<tr><td colspan="2">学习目标:
1. 熟悉公路工程施工组织协调的内容;
2. 熟悉公路工程工地会议的组织流程</td></tr>
</table>

续上表

<table>
<tr><td colspan="2">学习情境9:公路工程施工组织协调</td><td>学时:4</td></tr>
<tr><td colspan="3">学习内容:
1. 公路工程施工组织协调的主要内容;
2. 公路工程工地会议组织</td></tr>
<tr><td colspan="3">教学方法与策略:
教学方法:1. 小组讨论法;2. 角色扮演法。
策　　略:1. 集中指导;2. 分组学习</td></tr>
<tr><td>教学资源:
讲义、教案、多媒体课件、图片、规程等。
企业资源:
案例等</td><td colspan="2">对学生基础要求:
1. 计算机的应用能力;
2. 规范、标准的使用能力;
3. 沟通协调能力</td></tr>
</table>

六、课程实施建议

(一)教材及参考资源建议

1. 教材

陈晓明. 公路工程施工监理[M]. 郑州:黄河水利出版社,2012.

2. 参考书

[1]王富春. 监理概论[M]. 北京:人民交通出版社,2013.

[2]朱爱民,孟祥荣. 公路工程监理[M]. 北京:人民交通出版社,2007.

3. 规范规程

中华人民共和国行业标准. JTG G10—2006　公路工程施工监理规范[S]. 北京:人民交通出版社,2006.

(二)师资条件建议

(1)专任教师:具有高校教师资格证,具有公路工程监理岗位工作经历,精通施工规范与现场管理相关的基本理论与专业知识,具有较强的教科研能力。

(2)兼职教师:具有5年以上工程监理及相关岗位工作经历,有丰富的实际工作经验;具有中级以上专业技术职称或在职业技能竞赛中获得奖励;具有较强的教学组织能力。

(三)试验实训条件建议

本课程的试验实训条件配置建议如表4所示。

试验实训条件配置建议表　　表4

实训室名称	主要设备名称	主要实训项目
交通工程档案教学培训中心	计算机、高速公路工程档案等	公路工程监理进度计划编制等

(四)教学方法建议

针对具体的教学内容和教学过程,总体采用项目教学法。在具体教学方法中,运用任务引导法、案例法、小组协作学习法等多种方法组织教学,让学生人人参与,培养学生团队协作能力。

（五）教学评价建议

本课程采用过程考核，包括学习态度、课程作业、实践考核等，占课程总成绩的100%，全面综合评价学生能力。课程的考核办法如表5所示。

课程考核表　　表5

考核项目		考核方式	比例	
			分项	总体
过程考核	学习态度	根据课堂教学参与情况、课堂回答问题、出勤情况，由教师综合评定学生的学习态度得分	30%	100%
	课程作业	根据学生完成课后作业、任务工单的情况，由教师来评定成绩	40%	
	实践考核	根据实践环节表现，由教师综合评定成绩	30%	
合计				100%

（课程标准制订人：陈晓明）

附件21：《公路工程资料管理》课程标准

一、课程定位

本课程定位如表1所示。

课程定位表　　表1

课程名称及编号	公路工程资料管理（520119）
课设学期及学时	第8学期，共48学时
课程类型	专业拓展学习领域
先导课程	工程力学、工程测量、工程制图与CAD、工程岩土
平行课程	公路养护与管理、工程监理、工程招投标与工程造价
后续课程	毕业顶岗实习

二、课程性质

本课程是高职类道路桥梁工程技术专业拓展学习领域之一，目标是培养学生实际编制、管理公路工程资料的能力。通过对本门课程的学习，学生应了解资料管理的分类、组成，熟悉资料管理的基本流程，掌握公路工程资料的编写方法，了解工程资料归档的程序。

三、课程设计思路

按照职业岗位和职业能力培养的要求，本课程将学生职业能力培养的基本规律与课程系统化以及学生专业能力、方法能力和社会能力相结合，形成以企业真实生产项目为载体，以项目导向组织教学，以学生为中心，通过教师引导、教学做一体的工学结合教学模式，解决学生知识、技能、素质协调发展问题。

本课程在内容组织与安排上，遵循学生职业能力培养的基本规律，以公路工程资料整理中真实的工作任务及工作过程为载体，确定主题学习模块，将教学内容按照公路工程资料整理进行序化。通过设置相应的学习情境，先教学生“学中做”，然后再教学生“做中学”，并引入相关的现行职业技能资格标准进行对照，真正做到“教、学、做”相结合，理论与实践一体化,实现操作知识与课程理论知识的深度融合。

四、课程目标

(一)知识目标

(1)熟悉公路工程资料组成及收集要求;
(2)熟悉公路工程综合管理文件、财务资料、监理等资料整理;
(3)掌握公路工程施工、评定及竣工验收等资料整理。

(二)能力目标

(1)能把握工程资料的收集方法,内容及组卷要求;
(2)能明确项目实施不同阶段的资料搜集、整理内容及组卷原则。

(三)素质目标

(1)具有可持续发展的能力;
(2)具有团队协作能力;
(3)具有收集和处理信息的能力;
(4)具有获取新知识的能力;
(5)具有综合运用所学知识分析和解决问题的能力;
(6)具有良好的职业道德和敬业精神。

五、课程内容与学习目标

(一)课程内容结构安排

本课程分公路工程资料管理认知等 5 个学习情境,下设工程文件认知等 21 个工作任务,具体见表 2。

课程内容结构安排一览表 表 2

序号	学习情境	工作任务	参考学时
1	公路工程资料管理认知	工程文件认知	2
		竣工档案分类编号	2
		工程文件立卷	2
		档案资料的验收与移交	2
2	公路工程综合文件管理	竣(交)工验收文件整理	2
		配套工程验收文件整理	2
		建设依据及上级有关指示整理	2
		工程管理文件整理	2
		其他资料整理	2
3	竣工决算与审计文件资料管理	项目审计文件整理	2
		支付报表整理	2
		竣工决算报告整理	2

续上表

序号	学习情境	工作任务	参考学时
4	公路工程施工资料管理	施工资料报验	2
		竣工图表整理	4
		施工原始资料整理	4
		工程质量评定资料整理	4
5	公路工程监理资料管理	监理管理文件整理	2
		工程质量控制文件整理	2
		工程进度计划管理文件整理	2
		工程合同管理文件整理	2
		计量支付文件整理	2
合计			48

(二)课程内容要求(表3)

课程内容要求 表3

<table>
<tr><td>学习情境1:公路工程资料管理认知</td><td>参考学时:8</td></tr>
<tr><td colspan="2">学习目标:
1. 了解工程文件的归档范围、质量要求及内容;
2. 掌握竣工档案分类编号办法;
3. 熟悉工程文件的立卷程序;
4. 掌握档案资料的验收与移交的流程</td></tr>
<tr><td colspan="2">学习内容:
1. 工程文件认知;
2. 竣工档案分类编号;
3. 工程文件立卷;
4. 档案资料的验收与移交</td></tr>
<tr><td>教学资源:
1. 讲义、教案、多媒体课件等;
2. 实训指导书、任务工单等;
3. 工程档案、规范规程等</td><td>对学生基础要求:
1. 具有计算机应用能力;
2. 了解公路基础知识概念;
3. 具有一般分析能力</td></tr>
<tr><td>学习情境2:公路工程综合文件管理</td><td>参考学时:10</td></tr>
<tr><td colspan="2">学习目标:
1. 熟悉公路工程综合文件的主要内容;
2. 掌握竣(交)工验收、配套工程验收等综合文件的验收要求与报验程序</td></tr>
<tr><td colspan="2">学习内容:
1. 竣(交)工验收文件整理;
2. 配套工程验收文件整理;
3. 建设依据及上级有关指示整理;
4. 工程管理文件整理;
5. 其他资料整理</td></tr>
</table>

续上表

<table>
<tr><td>学习情境2:公路工程综合文件管理</td><td>参考学时:10</td></tr>
<tr><td>教学资源:
1. 讲义、教案、多媒体课件等;
2. 实训指导书、任务工单等;
3. 工程档案、规范规程等</td><td>对学生基础要求:
1. 具有计算机应用能力;
2. 了解公路基础知识概念;
3. 具有一般分析能力</td></tr>
<tr><td>学习情境3:竣工决算与审计文件资料管理</td><td>参考学时:6</td></tr>
<tr><td colspan="2">学习目标:
1. 熟悉竣工决算与审计文件资料的主要内容;
2. 掌握项目审计文件、支付报表等文件的验收要求与报验程序</td></tr>
<tr><td colspan="2">学习内容:
1. 项目审计文件整理;
2. 支付报表整理;
3. 竣工决算报告整理</td></tr>
<tr><td>教学资源:
1. 讲义、教案、多媒体课件等;
2. 实训指导书、任务工单等;
3. 工程档案、规范规程等</td><td>对学生基础要求:
1. 具有计算机应用能力;
2. 了解公路基础知识概念;
3. 具有一般分析能力</td></tr>
<tr><td>学习情境4:公路工程施工资料管理</td><td>参考学时:14</td></tr>
<tr><td colspan="2">学习目标:
1. 熟悉竣工图表、施工原始资料等的主要内容;
2. 掌握竣工图表、施工原始资料等施工资料的验收要求与报验程序</td></tr>
<tr><td colspan="2">学习内容:
1. 施工资料报验;
2. 竣工图表整理;
3. 施工原始资料整理;
4. 工程质量评定资料整理</td></tr>
<tr><td>教学资源:
1. 讲义、教案、多媒体课件等;
2. 实训指导书、任务工单等;
3. 工程档案、规范规程等</td><td>对学生基础要求:
1. 具有计算机应用能力;
2. 了解公路基础知识概念;
3. 具有一般分析能力</td></tr>
<tr><td>学习情境5:公路工程监理资料管理</td><td>参考学时:10</td></tr>
<tr><td colspan="2">学习目标:
1. 熟悉监理管理文件、工程质量控制文件等监理资料的主要内容;
2. 掌握监理管理文件、工程质量控制文件等监理资料的验收要求与报验程序</td></tr>
<tr><td colspan="2">学习内容:
1. 监理管理文件整理;
2. 工程质量控制文件整理;
3. 工程进度计划管理文件整理;
4. 工程合同管理文件整理;
5. 计量支付文件整理</td></tr>
</table>

续上表

<table>
<tr><td>学习情境5:公路工程监理资料管理</td><td>参考学时:10</td></tr>
<tr><td>教学资源:
1. 讲义、教案、多媒体课件等;
2. 实训指导书、任务工单等;
3. 工程档案、规范规程等</td><td>对学生基础要求:
1. 具有计算机应用能力;
2. 了解公路基础知识概念;
3. 具有一般分析能力</td></tr>
</table>

六、课程实施建议

(一)教材及参考资源建议

1. 教材

杨仲元. 公路工程竣工资料管理[M]. 北京:中国电力出版社,2010.

2. 参考书

[1]刘占良,周静. 公路工程资料编制与管理[M]. 大连:大连理工大学出版社,2011.

[2]李云峰,辛秀艳. 公路工程施工文档管理[M]. 沈阳:东北大学出版社,2006.

3. 其他

中华人民共和国交通运输部. 公路建设项目文件材料立卷归档管理办法(交办发〔2010〕382 号).

(二)师资条件建议

(1)专任教师:具有高校教师资格证,精通公路工程档案管理相关的基本理论与专业知识,具有较强的教科研能力。

(2)兼职教师:具有 5 年以上公路工程档案管理及相关岗位工作经历,有丰富的实际工作经验;具有中级以上专业技术职称或在职业技能竞赛中获得奖励;具有较强的教学组织能力。

(三)试验实训条件建议

本课程的试验实训条件配置建议如表 4 所示。

试验实训条件配置建议表 表 4

实训室名称	主要设备名称	主要实训项目
交通工程档案教学培训中心	高速公路工程档案等	公路工程档案认知、公路工程施工资料管理、公路工程监理资料管理等

(四)教学方法建议

针对具体的教学内容和教学过程,总体采用项目教学法。在具体教学方法中,运用任务引导法、案例法、小组协作学习法等多种方法组织教学,以学生为中心"做中学、学中做",让学生人人参与,培养学生团队协作能力和实践动手能力。

(五)教学评价建议

本课程采用过程考核,包括学习态度、课程作业、实践考核等,占课程总成绩的 100%,全面综合评价学生能力。课程的考核办法如表5所示。

课程考核表 表5

考核项目		考核方式	比例	
			分项	总体
过程考核	学习态度	根据课堂教学参与情况、课堂回答问题、出勤情况，由教师综合评定学生的学习态度得分	30%	100%
	课程作业	根据学生完成课后作业、任务工单的情况，由教师来评定成绩	40%	
	实践考核	根据实践环节表现，由教师综合评定成绩	30%	
合计				100%

（课程标准制订人：刘华）

附件22:《公路养护与管理》课程标准

一、课程定位

本课程定位如表1所示。

课程定位表 表1

课程名称及编号	公路养护与管理(520120)
课设学期及学时	第8学期，共36学时
课程类型	专业拓展学习领域
先导课程	路基工程施工、路面工程施工、桥涵工程施工、道路工程检测、桥梁现场检测
平行课程	工程招投标与工程造价、工程监理
后续课程	毕业顶岗实习

二、课程性质

本课程是高职类道路桥梁工程技术专业拓展学习领域之一，主要研究公路工程养护与管理的主要内容、国家的有关方针政策及现行的有关规定与要求；按照有关设计、施工及养护的标准和方法，进行公路与桥梁等工程构造物的病害分析和养护与维修；分析养护工程质量，确定有关养护对策和方案；运用养护管理的基本原理、方法和模式。

三、课程设计思路

本课程紧紧围绕完成工作任务的需要来选择课程内容，设定职业能力培养目标；以“工作项目”为主线，创设工作情境；变书本知识的传授为动手能力的培养，强化培养学生实践动手的能力，以实现职业能力的培养目标。本课程标准从“任务与职业能力”分析出发，遵循高等职业院校学生的认知规律，紧密结合职业资格证书中相关技能考核要求，以此来确定本课程的工作模块和课程内容。

四、课程目标

（一）知识目标

(1)熟悉各种公路病害的外部特征、定义、严重程度的识别、判断和检查；

(2)熟悉各种公路病害产生的原因和可能造成的后果；
(3)掌握各种公路病害目前一般的处理方案和工艺措施；
(4)掌握公路养护的相关法律、法规和技术规范。

(二)能力目标

(1)能够进行公路病害调查,确定病害类型和严重程度；
(2)能够根据公路病害调查结果,分析病害产生的原因及可能造成的后果；
(3)能够针对不同的公路病害,提出技术合理、经济可行的养护维修方案；
(4)能够对路基、路面和沿线设施的中修、大修及改建工程,提出技术合理、经济可行的养护维修方案。

(三)素质目标

(1)培养学生自主学习习惯；
(2)培养学生严谨的工作态度；
(3)培养学生严格按照国家法律、法规办事的工作理念；
(4)锻炼实事求是、尊重规律和开拓创新的意志品质；
(5)具备了一定的组织协调能力。

五、课程内容与学习目标

(一)课程内容结构安排

本课程分路基养护等7个学习情境,下设路基日常养护等20个工作任务,具体见表2。

课程内容结构安排一览表　　表2

序号	学习情境	工作任务	参考学时
1	路基养护	路基日常养护	2
		常见路基病害防治	2
		特殊地区路基养护	2
2	路面养护	沥青类路面的养护与维修	2
		水泥混凝土路面的养护与维修	2
		砂石路面的养护与维修	1
		路面基层的改善	1
3	桥梁涵洞养护	桥梁上部构造的养护与维修	4
		桥梁下部构造的养护与维修	2
		涵洞的养护	2
4	公路隧道养护	土建结构的养护	2
		机电设施的养护	2
5	公路防洪、防冰和防雪	水毁的预防、抢修与治理	2
		公路冰害的防治	1
		公路雪害的防治	1

续上表

序号	学 习 情 境	工 作 任 务	参考学时
6	交通工程及沿线设施养护	交通安全设施的养护	2
		公路机电系统的养护	1
		服务设施的养护	1
7	高速公路养护管理	日常养护与维修	2
		专项养护与大修	2
合计			36

(二)课程内容要求(表3)

课 程 内 容 要 求 表3

<table>
<tr><td>学习情境1：路基养护</td><td>学时：6</td></tr>
<tr><td colspan="2">学习目标：
1. 能够进行公路路基病害调查，确定病害类型和严重程度；
2. 能够根据公路路基病害调查结果，分析病害产生的原因及可能造成的后果；
3. 能够用正确的养护方案、合理的工艺流程、合适的材料对路基各部分进行养护</td></tr>
<tr><td colspan="2">学习内容：
1. 路基日常养护；
2. 常见路基病害防治；
3. 特殊地区路基养护</td></tr>
<tr><td colspan="2">教学方法与策略：
教学方法：1. 任务驱动教学法；2. 小组讨论法；3. 角色扮演法；4. 项目教学法。
策　　略：1. 集中指导；2. 分组学习</td></tr>
<tr><td>教学资源：
讲义、教案、多媒体课件、图片、视频、规程标准、养护案例等</td><td>对学生基础要求：
1. 熟悉公路工程基础知识；
2. 具有一定的沟通协调能力</td></tr>
<tr><td>学习情境2：路面养护</td><td>学时：6</td></tr>
<tr><td colspan="2">学习目标：
1. 能够进行公路路面病害调查，确定病害类型和严重程度；
2. 能够根据公路路面病害调查结果，分析病害产生的原因及可能造成的后果；
3. 能够用正确的养护方案、合理的工艺流程、合适的材料对各类路面进行修复</td></tr>
<tr><td colspan="2">学习内容：
1. 沥青类路面的养护与维修；
2. 水泥混凝土路面的养护与维修；
3. 砂石路面的养护与维修；
4. 路面基层的改善</td></tr>
<tr><td colspan="2">教学方法与策略：
教学方法：1. 任务驱动教学法；2. 小组讨论法；3. 角色扮演法；4. 项目教学法。
策　　略：1. 集中指导；2. 分组学习</td></tr>
</table>

续上表

学习情境2:路面养护	学时:6
教学资源: 讲义、教案、多媒体课件、图片、视频、规程标准、养护案例等	对学生基础要求: 1. 熟悉公路工程基础知识; 2. 具有一定的沟通协调能力
学习情境3:桥梁涵洞养护	学时:8
学习目标: 1. 能够进行公路桥涵病害调查,确定病害类型和严重程度; 2. 能够根据公路桥涵病害调查结果,分析病害产生的原因及可能造成的后果; 3. 能够用正确的养护方案、合理的工艺流程、合适的材料对公路桥涵进行养护	
学习内容: 1. 桥梁上部构造的养护与维修; 2. 桥梁下部构造的养护与维修; 3. 涵洞的养护	
教学方法与策略: 教学方法:1. 任务驱动教学法;2. 小组讨论法;3. 角色扮演法;4. 项目教学法。 策　　略:1. 集中指导;2. 分组学习	
教学资源: 讲义、教案、多媒体课件、图片、视频、规程标准、养护案例等	对学生基础要求: 1. 熟悉公路工程基础知识; 2. 具有一定的沟通协调能力
学习情境4:公路隧道养护	学时:4
学习目标: 1. 能够进行公路隧道的土建结构及机电系统病害调查,确定病害类型和严重程度; 2. 能够根据病害调查结果,用正确的养护方案、合理的工艺流程、合适的材料对公路隧道的土建结构及机电系统进行养护	
学习内容: 1. 土建结构的养护; 2. 机电设施的养护	
教学方法与策略: 教学方法:1. 任务驱动教学法;2. 小组讨论法;3. 角色扮演法;4. 项目教学法。 策　　略:1. 集中指导;2. 分组学习	
教学资源: 讲义、教案、多媒体课件、图片、视频、规程标准、养护案例等	对学生基础要求: 1. 熟悉公路工程基础知识; 2. 具有一定的沟通协调能力
学习情境5:公路防洪、防冰和防雪	学时:4
学习目标: 1. 能够进行公路水害、冰害和雪害调查; 2. 能够根据调查结果,进行防洪、防冰和防雪	

续上表

<table>
<tr><td colspan="2">学习情境5:公路防洪、防冰和防雪</td><td>学时:4</td></tr>
<tr><td colspan="3">学习内容:
1. 水毁的预防、抢修与治理;
2. 公路冰害的防治;
3. 公路雪害的防治</td></tr>
<tr><td colspan="3">教学方法与策略:
教学方法:1. 任务驱动教学法;2. 小组讨论法;3. 角色扮演法;4. 项目教学法。
策　　略:1. 集中指导;2. 分组学习</td></tr>
<tr><td>教学资源:
讲义、教案、多媒体课件、图片、视频、规程标准、养护案例等</td><td colspan="2">对学生基础要求:
1. 熟悉公路工程基础知识;
2. 具有一定的沟通协调能力</td></tr>
<tr><td colspan="2">学习情境6:交通工程及沿线设施养护</td><td>学时:4</td></tr>
<tr><td colspan="3">学习目标:
1. 能够进行交通沿线设施的病害调查;
2. 能够根据调查结果,进行交通安全设施、机电系统及服务设施等的养护</td></tr>
<tr><td colspan="3">学习内容:
1. 交通安全设施的养护;
2. 公路机电系统的养护;
3. 服务设施的养护</td></tr>
<tr><td colspan="3">教学方法与策略:
教学方法:1. 任务驱动教学法;2. 小组讨论法;3. 角色扮演法;4. 项目教学法
策　　略:1. 集中指导;2. 分组学习</td></tr>
<tr><td>教学资源:
讲义、教案、多媒体课件、图片、视频、规程标准、养护案例等</td><td colspan="2">对学生基础要求:
1. 熟悉公路工程基础知识;
2. 具有一定的沟通协调能力</td></tr>
<tr><td colspan="2">学习情境7:高速公路养护管理</td><td>学时:4</td></tr>
<tr><td colspan="3">学习目标:
1. 能够针对不同的公路病害,制订公路日常养护与维修计划及方案;
2. 能够对公路中修、大修及改建工程,制订专项养护与大修工程方案</td></tr>
<tr><td colspan="3">学习内容:
1. 日常养护与维修;
2. 专项养护与大修</td></tr>
<tr><td colspan="3">教学方法与策略:
教学方法:1. 任务驱动教学法;2. 小组讨论法;3. 角色扮演法;4. 项目教学法。
策　　略:1. 集中指导;2. 分组学习</td></tr>
<tr><td>教学资源:
讲义、教案、多媒体课件、图片、视频、规程标准、养护案例等</td><td colspan="2">对学生基础要求:
1. 熟悉公路工程基础知识;
2. 具有一定的沟通协调能力</td></tr>
</table>

六、课程实施建议

(一)教材及参考资源建议

1. 教材

彭富强. 公路养护技术与管理[M]. 北京:人民交通出版社,2010.

2. 参考书

[1]周广宇. 道路养护技术与管理[M]. 北京:中国水利水电出版社,2011.

[2]尤晓玮. 公路养护与管理[M]. 北京:中国电力出版社,2009.

3. 规范规程

[1]中华人民共和国行业标准. JTG H10—2009 公路养护技术规范[S]. 北京:人民交通出版社,2009.

[2]中华人民共和国行业标准. JTG H30—2004 公路养护安全作业规程[S]. 北京:人民交通出版社,2004.

(二)师资条件建议

(1)专任教师:具有高校教师资格证,具有公路养护实践工作经历,精通公路养护的基本理论与专业知识,具有较强的教科研能力。

(2)兼职教师:具有丰富的公路养护实践工作经验,具有中级以上专业技术职称或在职业技能竞赛中获得奖励,具有较强的教学组织能力。

(三)教学方法建议

针对具体的教学内容和教学过程,总体采用项目教学法。在具体教学方法中,运用任务引导法、案例法、小组协作学习法等多种方法组织教学,以学生为中心"做中学、学中做",让学生人人参与,培养学生团队协作能力和实践动手能力。

(四)教学评价建议

本课程采用过程考核,包括学习态度、课程作业、实践考核等,占课程总成绩的100%,全面综合评价学生能力。课程的考核办法如表4所示。

课程考核表 表4

考核项目		考核方式	比例	
			分项	总体
过程考核	学习态度	根据课堂教学参与情况、课堂回答问题、出勤情况,由教师综合评定学生的学习态度得分	30%	100%
	课程作业	根据学生完成课后作业、任务工单的情况,由教师来评定成绩	40%	
	实践考核	根据实践环节表现由教师综合评定成绩	30%	
合计				100%

(课程标准制订人:聂莉萍)

公路监理专业
人才培养方案

第一部分　主体部分

一、专业名称(专业代码)

公路监理(520107)

二、招生对象

普通高中毕业生或具有同等学力者

三、学制

全日制三年

四、培养目标

本专业培养适应社会主义现代化建设需要,德、智、体、美全面发展,具有监理员等岗位必备的基本理论和专业知识,具有较强的实践能力、创造能力、就业能力和创业能力,具有良好的职业道德、创业精神和健全的体魄,能适应公路建设第一线需要的"下得去、信得过、留得住、用得好"的高素质技术技能人才。

五、就业面向

本专业毕业生主要面向公路监理企业等单位,从事施工监理等技术工作。

主要岗位:监理员;

拓展岗位:试验检测员、测量员;

发展岗位:监理工程师等。

六、培养规格

(一)素质目标

(1)具有强烈的责任意识、质量意识、安全意识及环保意识;

(2)具有良好的文化、身体和心理素质;

(3)爱岗敬业,团结协作,遵纪守法,热爱劳动;

(4)具有逢山开路、遇水架桥、一往无前的开路先锋精神和默默无闻、甘于奉献、不怕牺牲的铺路石精神。

(二)知识目标

(1)具有本专业所必需的数学计算、英语交流、计算机应用等科学文化基础知识;

(2)熟悉公路工程识图、力学分析、工程测量、工程材料等专业基础知识;

(3)掌握公路工程施工、施工监理、试验检测、施工放样等专业知识；
(4)了解公路建设的新技术、新材料、新工艺和新设备的相关信息。

(三)能力目标

(1)具有识读和绘制工程结构图的能力；
(2)具有公路工程施工放样和竣工测量的能力；
(3)具有公路工程试验检测的能力；
(4)具有在现场从事公路工程施工与监理的能力；
(5)具有编制工程造价与现场工程计量的能力；
(6)具有编制、收集、整理工程技术资料的能力；
(7)具有计算机操作和安装使用常用专业软件的能力；
(8)具有较强的自学和获取知识的能力。

七、教学环节进程安排表

(一)培养时间分配表

公路监理专业培养时间分配如表2-1所示。

公路监理专业培养时间分配表 表2-1

学年		第一学年		第二学年		第三学年		合计
学期		1	2	3	4	5	6	
1	入学教育	1周						1周
2	国防教育	2周						2周
3	课内教学	16周	19周	15周	19周	14周		83周
4	实践教学			4周				4周
5	生产实习					5周	19周	24周
累计		19周	19周	19周	19周	19周	19周	114周

注:1.课内教学指按课程(学习领域)组织的各种教学活动,包括理论课程、理实一体化课程等。
2.实践教学是指计划单列的非生产性实践教学活动,包括专业认识实践、专项单列实训、课程设计、综合设计、社会实践等。
3.生产实习是指生产性教学实习活动,包括工学交替生产实习、生产劳动实习、毕业顶岗实习。

(二)教学进程表

公路监理专业教学进程如表2-2所示。

(三)课程设置及学时比例

公路监理专业课程设置及学时比例如表2-3所示。

公路监理专业教学进程表　　表 2-2

序号	类别	课程名称	教学时数与学分				考核方式		课内教学时数及实践周数					
			总学时	学分	理论学时	实践学时	考试学期	考查学期	第一学年		第二学年		第三学年	
									一	二	三	四	五	六
									16 周	19 周	15 周	19 周	14 周	0 周
1	公共基础课程	思想道德修养与法律基础	64	4	64			1	4					
2		“两课”概论	76	5	76			2		4				
3		体育	70	5	10	60		1、2	2	2				
4		计算机应用基础	114	8	44	70	2			6				
5		土建数学	64	4	64			1	4					
6		大学英语Ⅰ	64	4	64		1		4					
7		大学英语Ⅱ	76	5	76		2			4				
8		任选课 1	30	2	30			3			2			
9		任选课 2	38	3	38			4				2		
10		就业指导	14	1	14			5					1	
公共基础课程小计			610	41	480	130	课内占比		33.57%					
1	专业基础学习领域	工程力学	64	4	60	4	1		4					
2		工程制图与识图	64	4	42	22	1		4					
3		工程测量	76	5	36	40	2			4				
4		道路建筑材料试验	75	5	35	40	3				5			
5		土力学与地基基础	75	5	61	14	3				5			
专业基础学习领域小计			354	23	234	120	课内占比		19.48%					
1	专业核心学习领域	公路工程招投标与合同管理	60	4	50	10	3				4			
2		公路工程费用监理	57	4	37	20	4					3		
3		公路工程质量监理	57	4	37	20	4					3		
4		公路工程进度监理	42	3	22	20	5						3	
专业核心学习领域小计			216	15	146	70	课内占比		11.89%					
1	专业拓展学习领域	公路工程监理概论	30	2	30			3			2			
2		路桥检测	76	5	46	30	4					4		
3		道路工程施工	76	5	56	20		4				4		
4		桥涵工程施工	76	5	56	20		4				4		
5		路桥 CAD	38	3	8	30		2		2				
6		公路工程管理	57	4	42	15		4				3		
7		隧道工程施工	42	3	32	10		5					3	
8		公路勘测设计	60	4	45	15		3			4			
9		工程经济	42	3	38	4		5					3	
10		房屋建筑学概论	42	3	32	10		5				3		
11		公路沿线设施施工	56	4	50	6	5						4	
12		公路工程资料管理	42	3	42			5					3	
专业拓展学习领域小计			637	44	477	160	课内占比		35.06%					
课内教学环节合计			1817	123	1337	480	总百分比		66.14%					

续上表

序号	类别	课程名称	教学时数与学分				考核方式		课内教学时数及实践周数					
			总学时	学分	理论学时	实践学时	考试学期	考查学期	第一学年		第二学年		第三学年	
									一	二	三	四	五	六
									16 周	19 周	15 周	19 周	14 周	0 周
1	独立实践环节	入学教育	1 周	1		30		1	1 周					
2		国防教育	2 周	2		60		1	2 周					
3		工程测量实训	4 周	2		120		3			4 周			
4		毕业顶岗实习	24 周	10	720		5、6						5 周	19 周
独立实践环节合计			930	15		930	总百分比		65.96%					
课时(学分)总计			2747	138	1337	1410	周时数		22	22	22	23	20	0
周数总计									19	19	19	19	19	19
理论教学总学时			1337				总百分比		48.67%					
实践教学总学时			1410				总百分比		51.33%					

公路监理专业课程设置及学时比例表　　表 2-3

项　目	理论教学	实　践　教　学			
		课内实训	专项实训	顶岗实习	合计
学　时	1337	480	210	720	1410
所占比例	48.67%	51.33%			

八、毕业标准

(一)基本要求

(1)德、智、体、美等方面均通过学生管理部门考核达标;

(2)按规定完成课程(学习领域)的学习,成绩合格;

(3)完成各项独立实践环节(单列科目,如课程设计、实训实习、毕业实践、毕业设计等)的学习,成绩合格。

(二)考证要求

(1)必须取得省级计算机等级证和英语应用能力证书;

(2)获得至少一个本专业职业资格证书(四级以上)方可毕业。

公路监理专业职业资格证书如表 2-4 所示。

公路监理专业职业资格证书表　　表 2-4

序号	考核项目	考核发证部门	等级要求
1	试验工	江西省人力资源与社会保障厅	四级
2	测量工	江西省人力资源与社会保障厅	四级
3	试验检测员	江西省交通工程质量监督站	

（三）其他要求

完成任选课的学习，并取得5学分。

九、其他说明

依托路桥工程系校企合作工作委员会，与江西省高速公路投资集团、江西交通工程集团有限公司、赣粤高速公路股份有限公司、江西省交通工程咨询监理中心、天驰高速科技发展有限公司、江西省交通科学研究院、江西省交通运输工程档案馆等企业合作，共同制订了本专业人才培养方案。

（执笔人：刘芳）

第二部分　支撑材料

一、专业人才培养实施条件

(一)专业教学团队

1. 师资数量与结构

(1)教师队伍结构优化,梯队合理,45 岁以下青年教师中研究生学历或硕士以上学位比例达到 30%。

(2)每门课程的专任教师应不少于 2 人,专任教师数量应与学生规模相适应,专任教师中高级职称的比例大于或等于 30%,主要专业技能课至少配备相关专业中级技术职称以上的专任教师 2 人。

(3)每门课程的专任教师中具备双师素质教师的比例应达到 50% 以上,由企业工程技术人员担任的兼职教师数达到专任教师总数的 50% 左右。

(4)专业试验、实习指导教师 80% 以上是大专以上学历或中级以上职称,同时,实习指导教师具有中高级职称的比例大于或等于 20%。

2. 业务水平

教师应具备良好的职业道德和一定的教学科研能力,达到高等教育教师任职资格的要求且具备高等教育教师任职资格。其中,主讲教师应由具备讲师以上职称的专任教师或工程师以上职称的兼任教师担任,参加科学研究或技术服务的专任教师人数不少于专任教师总数的 30%。

3. 教学团队现状

公路监理专业现有专业教师 12 人,其中专任教师 7 人,从施工、检测、监理、设计等相关单位聘请了具有丰富实践经验的兼职教师 5 名。专任教师中双师素质教师比例达 80% 以上。

(二)专业教学资源

1. 选用优秀的高职高专规划教材

在选择教材时,应整体研究制定教材选用标准和选用程序,确保具有时代性、应用性、先进性和普适性的优秀教材优先被选用,同时,要注意选用具有鲜明行业特征的高职高专规划教材、特色教材和精品教材。

2. 专业网络教学资源

以数字化校园建设为载体,以课程为主要表现形式、以素材资源为补充,利用网络学习平台建设共享性网络教学资源库,主要包括试题库、课件库、专业教学素材库、教学录像库等。

3. 其他教学资源

学院图书馆或资料室应当配置数量适当、结构合理、技术新颖的本专业的纸质书和电子图书，为专业学习、教学、科研和社会服务提供良好的信息服务。学院配置的电子图书，应具有良好服务功能，能为专业教学资源库建设提供大数据服务。

学院图书馆现有纸质图书55万余册，电子图书约11.5万册，其中路桥专业10.4万余册，各种期刊(含历年合订本)约1.2万册。电子资源有超星电子图书、书生电子图书、中国交通运输科技资源数据库、万方电子期刊、超星读秀、爱迪科森《网上报告厅》等。

(三)试验实训条件

1. 校内实训条件

(1)建设要求。根据公路监理专业培养目标和教学要求，校内应具备一体化教学和生产性实习等基本实训条件。实训室在设备和工位数量上能保证1个教学班实施理实一体化课程的需要，配置多媒体教学设备，便于开展教、学、做合一的教学活动。

(2)建设情况。根据公路监理专业的需要，建成了桥隧检测实训室等6个实训室，1个路桥园综合实训基地，与学院交苑公路工程试验检测中心共建了1个“校中厂”，具体见表2-5。

校内实训条件情况表　　表2-5

序号	名称	主要设备	主要功能	对应课程	容纳人数
1	桥隧检测实训室	桥梁动载测试分析系统、桥梁静态采集系统、测斜仪、锚杆拉拔计、非金属超声波检测仪、锚杆锚固质量检测仪、激光隧道断面检测仪、磁粉探伤仪、超声测力计等	主要承担基桩完整性、结构混凝土测强、桥梁荷载试验等实训；开展试验检测员技能培训	路桥检测、桥涵工程施工、质量监理	60人
2	道路检测实训室	摆式摩擦系数测定仪、拉拔试验仪、车拖式汽油驱动路面取芯机、无核法密度湿度计、无核法沥青路面密度测试计、公路连续式平整度仪、新拌混凝土快速测试仪、手持式落锤弯沉仪等	主要承担灌砂法测压实度、路面厚度测试、路面弯沉试验、路面平整度试验、摩擦系数试验等实训；开展试验检测员技能培训	路桥检测、道路工程施工、质量监理	60人
3	工程测量实训室	自动安平水准仪、电子水准仪、5″全站仪、动态GPS等	主要承担高程测量、施工放样等实训；开展测量工技能鉴定	工程测量	60人
4	道路材料实训室	洛杉矶磨耗机、勃氏透气仪、岩石分类回弹仪、落锤冲击试验机、冻融试验机、混凝土磨耗试验机、沥青混合料搅拌机、马歇尔自动击实仪、马歇尔试验仪、全自动沥青抽提仪、薄膜烘箱、沥青混合料材料性能试验系统等	主要承担水泥性能试验、集料性能试验、水泥混凝土性能试验、沥青三大指标试验、沥青混合料取样试验、沥青混合料性能等实训；开展试验工技能鉴定	道路建筑材料试验	60人
5	工程软件实训室	广联达造价软件、神机妙算造价软件、同望造价软件、纵横造价软件等	让学生熟悉建筑工程、安装工程、公路工程计量与计价软件的使用	公路工程管理	60人

续上表

序号	名称	主要设备	主要功能	对应课程	容纳人数
6	工程招投标模拟实训室	多媒体设备、模拟开标室家具设备、模拟标书制作家具设备	让学生开展模拟编制招投标文件、开标策划和开标评标现场等活动，熟悉相关业务流程	公路工程招投标与合同管理	60 人
7	路桥园综合实训基地	典型公路工程构造物等	主要承担试验检测人员考核、桥梁结构检测、结构混凝土检测、基桩检测、隧道工程检测、结构展示等	道路工程施工、桥涵工程施工、隧道工程施工	60 人
8	江西省交苑公路工程试验检测中心	电脑、试验数据处理软件等	开展试验检测综合实训、师资培训、社会培训等	路桥检测	60 人

2. 校外实训条件

(1)建设要求。与公路建设与监理企业联合共建的校外实训基地不少于 3 个。

(2)建设情况。依托学院合作发展理事会，选择技术较为先进、管理水平较高、生产规模大、效益好的企业作为紧密合作对象，紧密合作的校外实训基地数量稳定在 8 家，如表 2-6 所示。

校外实训基地情况 表 2-6

序号	校外实训基地共建单位	主要功能	容纳人数
1	江西省交通工程集团有限公司	1. 公路监理、试验检测等岗位顶岗实习； 2. 专业调研、人才培养方案修订、课程标准制定等	60 人
2	江西省高速公路投资集团		60 人
3	江西省公路开发总公司		60 人
4	赣粤高速公路股份有限公司		60 人
5	江西省交通科学研究院		60 人
6	江西省公路工程试验检测中心		60 人
7	江西省交通工程咨询监理中心		60 人
8	天驰高速科技发展有限公司		60 人

二、专业人才培养实施规范

(一)课程教学标准

1. 公共基础课程教学标准

本专业的公共基础课程教学标准参照道路桥梁工程技术重点专业相关部分执行。

2. 专业基础学习领域教学标准

本专业的专业基础学习领域教学标准参照道路桥梁工程技术重点专业相关部分执行。

3. 专业核心学习领域教学标准

依据公路监理专业的培养目标和主要就业岗位的要求，其专业核心学习领域教学标准如表 2-7 所示。

专业核心学习领域教学标准 表 2-7

学习领域 1	公路工程招投标与合同管理		
学期	第 3 学期	学时	72 学时
职业能力要求	1. 能根据法律、法规等的要求编制相关文书； 2. 能根据法律、法规等的要求组织投标预备会、开标会议、评标会议； 3. 能根据法律、法规等的要求处理招投标活动中的程序性事物； 4. 能根据合同法的规定处理公路工程计量支付过程的相关问题		
学习目标	1. 熟悉公路工程招投标程序及相关文书； 2. 熟悉公路工程开标、评标及中标程序； 3. 掌握公路工程投标报价及投标文件编制； 4. 掌握 FIDIC 合同条件及在公路工程中的应用； 5. 掌握公路工程变更与索赔程序		
学习内容	学习情境 1:公路工程市场认知 学习情境 2:公路工程招投标 学习情境 3:公路工程合同认知 学习情境 4:公路工程合同管理		
学习领域 2	公路工程费用监理		
学期	第 4 学期	参考学时	57 学时
职业能力要求	1. 能编制工程量清单； 2. 能进行投标报价的编制； 3. 能进行工程量的计算； 4. 能对工程支付进行管理； 5. 能处理索赔事宜及合同管理事宜		
学习目标	1. 掌握工程量清单的编制及使用； 2. 掌握投标报价的构成及编制方法； 3. 掌握工程计量的程序与方法； 4. 掌握工程支付的程序； 5. 掌握索赔费用支付的方法		
学习内容	学习情境 1:工程量清单与投标报价 学习情境 2:工程计量 学习情境 3:工程费用支付 学习情境 4:合同支付与管理		
学习领域 3	公路工程质量监理		
学期	第 4 学期	参考学时	57 学时
职业能力要求	1. 掌握路基工程质量监理方法； 2. 掌握路面工程质量监理方法； 3. 掌握桥梁工程质量监理方法； 4. 掌握隧道工程质量监理方法		
学习目标	1. 能进行路基质量监理； 2. 能进行路面质量监理； 3. 能进行桥梁质量监理； 4. 能进行隧道的质量监理		

续上表

学习领域 3	公路工程质量监理		
学期	第 4 学期	参考学时	57 学时
学习内容	学习情境 1:路基工程质量监理 学习情境 2:路面工程质量监理 学习情境 3:桥梁工程质量监理 学习情境 4:隧道工程质量监理		
学习领域 4	公路工程进度监理		
学期	第 5 学期	参考学时	42 学时
职业能力要求	1. 能绘制施工进度图,编制公路施工进度计划; 2. 能进行进度监理与进度检查,并进行延误处理与计划调整; 3. 能进行流水作业网络计划和搭接网络计划的编制; 4. 能完成进度资料整理与归档		
学习目标	1. 掌握双代号网络计划图的绘制及时间参数的计算,并确定关键线路; 2. 掌握单代号网络计划图的绘制及时间参数的计算,并确定关键线路; 3. 掌握网络计划的时间优化、工期优化、成本优化的方法; 4. 了解流水作业网络计划及搭接网络计划的绘制及时间参数的计算; 5. 掌握进度计划的编制方法及进度计划的审查步骤; 6. 掌握工程进度延误处理与计划调整的方法		
学习内容	学习情境 1:关键线路的确定 学习情境 2:网络计划的优化 学习情境 3:其他网络计划优化 学习情境 4:进度计划的编制与审批 学习情境 5:进度监理与延误处理		

4. 专业拓展学习领域教学标准

本专业与道路桥梁工程技术专业设置的相同学习领域,其教学标准参照道路桥梁工程技术重点专业相关部分执行。与道路桥梁工程技术专业设置的不同学习领域,其教学标准见表 2-8。

专业拓展学习领域教学标准　　表 2-8

学习领域 1	道路工程施工		
学期	第 4 学期	学时	76 学时
职业能力要求	通过该课程的学习,掌握道路工程施工的理念、施工方法,会将各种施工规范运用到实际的公路施工任务中		
学习目标	1. 掌握本课程所需的文化基础知识和专业基础知识; 2. 掌握路基路面工程各个阶段的主要施工工艺流程等专业知识; 3. 具有企业管理、经营和技术经济分析的基础知识; 4. 掌握公路发展的动态,具有本专业的新技术、新设备、新工艺等方面知识		

续上表

学习领域1	道路工程施工		
学期	第4学期	学时	76学时
学习内容	学习情境1:一般路基设计与施工 学习情境2:路基土石方工程施工 学习情境3:路基排水工程施工 学习情境4:路基防护工程施工 学习情境5:沥青路面施工 学习情境6:水泥混凝土路面施工		
学习领域2	路桥检测		
学期	第4学期	参考学时	76学时
职业能力要求	1. 能正确使用试验检测仪器和设备,规范地对路基工程、路面工程及桥梁工程进行试验与检测; 2. 能对照现行的《公路工程质量检验评定标准》,对所检测公路工程项目做出正确的结论; 3. 能合理选择仪器,正确使用路基工程、路面工程及桥梁工程检测中所需的各类设备; 4. 能对试验检测仪器进行日常养护,对一般的仪器进行检验和校正		
学习目标	1. 熟悉计量法常识及国际单位制的基本内容; 2. 熟练使用常用检测仪器,采集各种试验检测数据; 3. 熟悉公路工程质量评定方法,对公路工程质量进行评价; 4. 根据分析公路工程质量缺陷产生的原因,提出改善措施; 5. 了解公路工程质量检测的发展方向,及时跟踪新材料、新工艺、新技术的发展动态		
学习内容	学习情境1:路基土石方工程质量检测与评定 学习情境2:排水工程质量检测与评定 学习情境3:砌筑防护工程质量检测与评定 学习情境4:路面基层和底基层质量检测与评定 学习情境5:路面面层质量检测与评定 学习情境6:桥梁基础工程质量检测与评定 学习情境7:桥梁下部结构质量评定与验收 学习情境8:桥梁上部结构检测与评定		
学习领域3	工程经济		
学期	第5学期	学时	42学时
职业能力要求	能运用工程经济学的思想,解决工程建设中有关工程投融资、工程建设方案比选、投标方案比选等问题,为以后一级建造师、咨询工程师等执业资格考试做好准备		
学习目标	1. 掌握资金时间价值的含义; 2. 掌握价值工程的作用; 3. 掌握工程方案比选的方法及计算; 4. 掌握工程财务的基础知识; 5. 掌握工程经济学的综合应用		
学习内容	学习情境1:资金的时间价值 学习情境2:价值工程 学习情境3:方案比选 学习情境4:财务基础知识 学习情境5:综合案例		

5. 实践学习领域教学标准

本专业与道路桥梁工程技术专业设置的相同学习领域，其教学标准参照道路桥梁工程技术重点专业相关部分执行。

（二）教学组织

贯彻“合作办学、合作育人、合作发展”的理念，按照“依托行业、对接产业、定位职业、服务社会”的专业建设思路，以行动导向实施课程教学，形成以教师为主导、学生为主体、教学做合一、理论与实践合一、工学结合的教学模式。始终要重视学生在校学习与实际工作的一致性，采取工学交替、任务驱动、项目导向的一体化教学模式，运用任务驱动法、项目导向法、情境教学法、案例分析法、现场教学法、课堂讨论法等教学方法进行教学，立足于加强学生实际操作能力的培养。

核心课程建议采用“任务驱动、项目导向”教学法，通过典型的工作任务或项目，由教师提出要求或示范，组织学生进行活动，注重“教”与“学”的互动，让学生在活动中增强爱岗敬业、团结协作的意识，实现技能与素质的同步提高。实施“教、学、做”一体化教学，提高学生的学习兴趣，有效培养学生的职业能力；教师可着重进行引导并实施监督和评价。实践课程要加强引导、示范，创设工作情境，让学生亲自动手，提高学生岗位适应能力和分析处理问题的能力。

在教学过程中，要充分借鉴多媒体、教学资源库、网络资源等教学资源辅助教学，帮助学生理解所学知识。重视本专业领域新技术、新工艺、新设备的发展趋势。充分利用校外实训基地，校企合作，工学结合，积极引导学生提升职业素养和职业道德。紧密结合职业技能证书的考核、加强取证项目的训练。

（三）考核评价

吸纳用人单位专家参与教学质量评价，建立以能力为核心、以过程为重点的学习绩效考核评价体系。针对不同类型的课程采用不同的考核方法。对公共基础课程，建议采取理论考核的方法；对于专业学习领域，建议采取过程考核与综合考核相结合的方式；对于实践学习领域，尽量采用实操考核、过程考核的方法。具体原则如下：

1. 公共基础学习领域

考查课程由任课教师根据学生平时的到课率、作业完成情况等综合表现进行评定；考试课程总评成绩 = 平时成绩（考勤、提问、作业等）×40% + 期终考核 ×60%。

2. 专业学习领域

考查课程由任课教师根据学生平时的到课率、作业完成情况等综合表现进行评定；考试课程采取过程考核与综合考核相结合的评价方式，同时根据学生取得相应工种的职业资格证书的情况，综合评价学生成绩。其中过程考核包括学习态度、课程作业等，占课程总成绩的 40%；综合考核包括期末考试、实践考核等，占课程总成绩的 60%。如学生取得相应工种的职业资格证书，则该门课程考核为合格。

3. 实践学习领域

以工作态度、实际操作和实习报告等情况综合评定学生成绩，其中工作态度、实际操作等占 80%（在企业完成的项目由企业指导教师评定），实习报告占 20%。

（执笔人：刘芳）

第三部分　附　　件

附件1:《公路工程招标投标与合同管理》课程标准

一、课程定位

本课程定位如表1所示。

课程定位表　　表1

课程名称及编号	公路工程招标投标与合同管理(520721)
课设学期及学时	第3学期,共72学时
课程类型	专业核心学习领域
先导课程	计算机应用基础、路桥CAD、工程力学、工程制图与识图
平行课程	道路建筑材料试验、土力学与地基基础、公路勘测设计、公路工程监理概论
后续课程	公路工程质量监理、公路工程费用监理、公路工程进度监理

二、课程性质

本课程是高职类公路监理专业核心学习领域课程之一,其任务是让学生系统地学习公路工程招投标与合同管理领域的基本知识,了解公路工程招投标与合同管理的现状和发展趋势,熟悉公路工程招投标与合同管理各研究领域的基本理论和方法,深刻认识公路工程招投标与合同管理在工程管理中的地位和作用。

三、课程设计思路

按照职业岗位和职业能力培养的要求,本课程将学生职业能力培养的基本规律与课程系统化以及学生专业能力、方法能力和社会能力相结合,形成以企业真实生产项目为载体,以项目导向组织教学,以学生为中心,通过教师引导、教学做一体的工学结合教学模式,解决学生知识、技能、素质协调发展问题。

本课程在内容组织与安排上,遵循学生职业能力培养的基本规律,以招标投标与合同管理过程中真实的工作任务及工作过程为载体,确定主题学习模块,将教学内容按照招投标与合同管理过程与进度进行序化。通过设置相应的学习情境,先教学生“学中做”,然后再教学生“做中学”,并引入相关的现行职业技能资格标准进行对照,真正做到“教、学、做”相结合,理论与实践一体化,实现操作知识与课程理论知识的深度融合。

四、课程目标

(一)知识目标

(1)熟悉公路工程招投标程序及相关文书;

(2)熟悉公路工程开标、评标及中标程序；
(3)掌握公路工程投标报价及投标文件编制；
(4)掌握 FIDIC 合同条件及在公路工程中的应用；
(5)掌握公路工程变更与索赔程序。

(二)能力目标

(1)能根据法律、法规等的要求编制相关文书；
(2)能根据法律、法规等的要求组织投标预备会、开标会议、评标会议；
(3)能根据法律、法规等的要求处理招投标活动中的程序性事物；
(4)能根据合同法的规定,处理公路工程计量支付过程中的相关问题。

(三)素质目标

(1)具有可持续发展的能力；
(2)具有团队协作能力；
(3)具有收集和处理信息的能力；
(4)具有获取新知识的能力；
(5)具有综合运用所学知识分析和解决问题的能力；
(6)具有良好的职业道德和敬业精神。

五、课程内容与学习目标

(一)课程内容结构安排

本课程分公路工程市场认知等 4 个学习情境,下设公路市场和专业人员资格管理等 14 个工作任务,具体见表 2。

课程内容结构安排一览表 表 2

序号	学习情境	工作任务	参考学时
1	公路工程市场认知	公路市场和专业人员资格管理	4
		公路工程交易中心设立	4
2	公路工程招投标	公路工程招标投标制度认知	6
		公路工程招标文件认知	4
		公路工程施工投标文件编制	8
		公路工程监理投标文件编制	8
		公路工程勘察设计投标文件编制	8
		工程量清单及工程计量	4
3	公路工程合同认知	《合同法》认知	4
		公路工程合同认知	6
4	公路工程合同管理	项目决策分析	4
		公路工程合同管理的相关规定	4
		公路工程合同的变更	4
		公路工程合同的索赔	4
合计			72

(二)课程内容要求(表3)

课程内容要求 表3

<table>
<tr><td colspan="2">学习情境1:公路工程市场认知</td><td>参考学时:8</td></tr>
<tr><td colspan="3">学习目标:
1. 熟悉公路建设市场主体的资格要求;
2. 熟悉公路建设市场专业人员的资格要求;
3. 掌握公路工程交易中心设立的条件等</td></tr>
<tr><td colspan="3">学习内容:
1. 公路市场和专业人员资格管理;
2. 公路建设市场交易中心设立</td></tr>
<tr><td>教学资源:
讲义、教案、多媒体课件、规范规程等</td><td colspan="2">对学生基础要求:
1. 了解公路工程基础知识;
2. 具有一般分析能力</td></tr>
<tr><td colspan="2">学习情境2:公路工程招投标</td><td>参考学时:38</td></tr>
<tr><td colspan="3">学习目标:
1. 能根据不同评标方法计算报价的得分情况并进行排名;
2. 能根据公路施工项目的具体特点,拟定招标流程及具体时间安排;
3. 能根据招标文件的具体要求,编制施工、监理及勘察设计投标文件;
4. 能依据工程量清单,编制投标报价</td></tr>
<tr><td colspan="3">学习内容:
1. 熟悉公路工程招标投标的制度及要求;
2. 掌握公路工程招标投标的程序及要求;
3. 掌握公路工程招标文件的内容及要求;
4. 掌握合理低价法、综合评标价法、最低评标价法的区别及适用范围;
5. 掌握工程量清单项、目、节的划分,以及理解综合单价、暂估金额、计日工的意义;
6. 掌握投标文件的内容及编制要求;
7. 掌握监理财务建议书的编制要求;
8. 了解工程计量的具体要求</td></tr>
<tr><td>教学资源:
讲义、教案、多媒体课件、实训指导书、规范规程、公路施工招投标案例等</td><td colspan="2">对学生基础要求:
1. 了解公路工程基础知识;
2. 具有一般分析能力</td></tr>
<tr><td colspan="2">学习情境3:公路工程合同认知</td><td>参考学时:10</td></tr>
<tr><td colspan="3">学习目标:
1. 能根据《合同法》的知识,初步拟订合同文件;
2. 能掌握《合同法》的知识,掌握合同订立、履行的法律要求;
3. 能掌握公路工程相关合同的特点及要求</td></tr>
<tr><td colspan="3">学习内容:
1. 了解合同订立的主体资格要求及合同的基本要素;
2. 掌握合同的分类、合同生效的条件及违约责任的划分及处理原则;
3. 掌握公路工程相关合同的要素及合同纠纷的处理</td></tr>
</table>

续上表

<table>
<tr><td colspan="2">学习情境3:公路工程合同认知</td><td>参考学时:10</td></tr>
<tr><td>教学资源:
讲义、教案、多媒体课件、实训指导书、规范规程、公路工程建设招标文件范本等</td><td colspan="2">对学生基础要求:
1. 了解公路工程基础知识;
2. 具有一般分析能力</td></tr>
<tr><td colspan="2">学习情境4:公路工程合同管理</td><td>参考学时:16</td></tr>
<tr><td colspan="3">学习目标:
1. 能运用决策树法和影响因子权重法在投标决策阶段对项目进行投标决策;
2. 能够理解不同的投标技巧的适用情形及掌握不平衡报价方法的适用情况;
3. 能够运用索赔的知识处理公路施工索赔事宜,并计算费用及工期的索赔</td></tr>
<tr><td colspan="3">学习内容:
1. 了解《合同法》的相关基础知识及公路工程常见合同类型;
2. 掌握公路工程投标决策的基本方法;
3. 掌握公路工程投标报价的技巧及不平衡报价的概念及适用情况;
4. 掌握公路工程变更的提出及工程索赔的工期及费用计算</td></tr>
<tr><td>教学资源:
讲义、教案、多媒体课件、实训指导书、规范规程、公路合同管理案例等</td><td colspan="2">对学生基础要求:
1. 了解公路工程基础知识;
2. 具有一般分析能力</td></tr>
</table>

六、课程实施建议

(一)教材及参考资源建议

1. 教材

周中意. 公路工程招投标与合同管理[M]. 重庆:重庆大学出版社,2006.

2. 参考书

[1]周正芳. 公路工程招标投标与合同管理[M]. 北京:清华大学出版社,2006.

[2]李继业,王玉峰. 公路工程招标与投标[M]. 北京:化学工业出版社,2011.

[3]文德云,石勇明. 公路工程建设招标与投标[M]. 北京:人民交通出版社,2009.

3. 规范规程

[1]中华人民共和国交通部. 公路工程标准施工招标文件[M]. 北京:人民交通出版社,2009.

[2]中华人民共和国行业标准. JTG/T B06-02—2007　公路工程预算定额[S]. 北京:人民交通出版社,2007.

(二)师资条件建议

(1)专任教师:具有高校教师资格证,具有公路建设经营管理岗位工作经历,精通工程招投标与合同相关的基本理论与专业知识,具有较强的教科研能力。

(2)兼职教师:具有5年以上公路建设施工管理及相关岗位工作经历,有丰富的实际工作经验;具有中级以上专业技术职称或在职业技能竞赛中获得奖励;具有较强的教学组织能力。

(三)试验实训条件建议

本课程的试验实训条件配置建议如表4所示。

试验实训条件配置建议表 表4

实训室名称	主要设备名称	主要实训项目
工程招投标模拟实训室	公路工程施工招标文件、投标文件	公路投标文件编制实训
	公路工程预算定额	清单报价实训
	公路工程建设招标文件范本(2009版)	开标模拟实训

(四)教学方法建议

针对具体的教学内容和教学过程,总体采用项目教学法。在具体教学方法中,运用任务引导法、案例法、小组协作学习法等多种方法组织教学,以学生为中心"做中学、学中做",让学生人人参与,培养学生团队协作能力和实践动手能力。

(五)教学评价建议

本课程采用过程考核、综合考核等多元性评价,其中过程考核包括学习态度、课程作业等,占课程总成绩的40%,综合考核包括期末考试等,占课程总成绩的60%,全面综合评价学生能力。课程的考核办法如表5所示。

课程考核表 表5

考核项目		考核方式	比例	
			分项	总体
过程考核	学习态度	根据课堂教学参与情况、课堂回答问题、出勤情况,由教师综合评定学生的学习态度得分	50%	40%
	课程作业	根据学生完成课后作业、任务工单的情况,由教师来评定成绩	50%	
综合考核		结合期末考试、实践考核等综合评定成绩	100%	60%
合计				100%

(课程标准制订人:李玮)

附件2:《公路工程费用监理》课程标准

一、课程定位

本课程定位如表1所示。

课程定位表 表1

课程名称及编号	公路工程费用监理(520722)
课设学期及学时	第4学期,共57学时
课程类型	专业核心学习领域
先导课程	公路工程监理概论、工程测量、道路建筑材料试验
平行课程	公路工程质量监理、路桥检测
后续课程	公路工程进度监理、工程经济

二、课程性质

本课程是高职类公路监理专业核心学习领域之一，其目标是在具备了费用监理的基本知识、基本理论和决策方法的基础上，培养学生进行费用监理和管理的能力，以及运用国家现行监理规范、规程、标准的能力，加强对费用监理新技术、新工艺的应用探讨，促进学生处理实际工程问题能力和费用监理管理能力的提高。

三、课程设计思路

按照职业岗位和职业能力培养的要求，本课程将学生职业能力培养的基本规律与课程系统化以及学生专业能力、方法能力和社会能力相结合，形成以企业真实生产项目为载体，以项目导向组织教学，以学生为中心，通过教师引导、教学做一体的工学结合教学模式，解决学生知识、技能、素质协调发展的问题。

本课程在内容组织与安排上，遵循学生职业能力培养的基本规律，以公路工程费用监理过程中真实的工作任务及工作过程为载体，确定主题学习模块，将教学内容按照费用监理过程与进度进行序化。通过设置相应的学习情境，先教学生“学中做”，然后再教学生“做中学”，并引入相关的现行职业技能资格标准进行对照，真正做到“教、学、做”相结合，理论与实践一体化，实现操作知识与课程理论知识的深度融合。

四、课程目标

（一）知识目标

（1）掌握工程量清单的编制及使用；
（2）掌握投标报价的构成及编制方法；
（3）掌握工程计量的程序与方法；
（4）掌握工程支付的程序；
（5）掌握索赔费用支付的方法。

（二）能力目标

（1）能编制工程量清单；
（2）能进行投标报价的编制；
（3）能进行工程量的计算；
（4）能对工程支付进行管理；
（5）能处理索赔事宜及合同管理事宜。

（三）素质目标

（1）具有可持续发展的能力；
（2）具有团队协作能力；
（3）具有收集和处理信息的能力；
（4）具有获取新知识的能力；

(5)具有综合运用所学知识分析和解决问题的能力;

(6)具有良好的职业道德和敬业精神。

五、课程内容与学习目标

(一)课程内容结构安排

本课程分工程量清单与投标报价等4个学习情境,下设工程量清单的编制等9个工作任务,具体见表2。

课程内容结构安排一览表　　表2

序号	学习情境	工作任务	参考学时
1	工程量清单与投标报价	工程量清单的编制	8
		投标报价书制作	5
2	工程计量	工程计量程序及管理认知	4
		工程计量方法和计量细则的制订	8
3	工程费用支付	工程结算款的编制	6
		工程结算款的签证	8
4	合同支付与管理	变更费用支付	6
		索赔费用支付	6
		终止与停工支付	6
合计			57

(二)课程内容要求(表3)

课程内容要求　　表3

学习情境1:工程量清单与投标报价	参考学时:13
学习目标: 1. 能掌握工程量清单的编制要点并能独立完成清单编制; 2. 能掌握投标报价书的制作要点并能独立完成报价制作	
学习内容: 1. 工程量清单的编制; 2. 投标报价书的编制	
教学资源: 讲义、教案、多媒体课件、规范规程、标书范本等	对学生基础要求: 1. 具有公路基本专业知识; 2. 具有一定的文字编辑能力
学习情境2:工程计量	参考学时:12
学习目标: 1. 能够进行工程的计量; 2. 能对计量工作进行管理监督	
学习内容: 1. 工程计量程序与管理认知; 2. 工程计量方法和计量细则的制订	

续上表

<table>
<tr><td>学习情境2:工程计量</td><td>参考学时:12</td></tr>
<tr><td>教学资源:
讲义、教案、多媒体课件、规范规程、工程计量案例等</td><td>对学生基础要求:
1. 具有公路基本专业知识;
2. 具有一定的数据处理能力</td></tr>
<tr><td>学习情境3:工程费用支付</td><td>参考学时:14</td></tr>
<tr><td colspan="2">学习目标:
1. 熟悉工程费用支付的方式、内容和要点;
2. 掌握工程项目费用支付的监督管理</td></tr>
<tr><td colspan="2">学习内容:
1. 工程结算款的编制;
2. 工程结算款的签证</td></tr>
<tr><td>教学资源:
讲义、教案、多媒体课件、规范规程、工程案例等</td><td>对学生基础要求:
1. 具有公路基本专业知识;
2. 具有一定的数据处理能力</td></tr>
<tr><td>学习情境4:合同支付与管理</td><td>参考学时:18</td></tr>
<tr><td colspan="2">学习目标:
1. 掌握工程变更、索赔支付的处理;
2. 掌握合同终止和停工后的费用支付处理要点并能独立完成相关工作</td></tr>
<tr><td colspan="2">学习内容:
1. 变更费用支付;
2. 索赔费用支付;
3. 价格调整费用支付;
4. 合同终止与停工后支付</td></tr>
<tr><td>教学资源:
讲义、教案、多媒体课件、规范规程、工程案例等</td><td>对学生基础要求:
1. 具有公路基本专业知识;
2. 具有一定的数据处理能力</td></tr>
</table>

六、课程实施建议

(一)教材及参考资源建议

1. 教材

孙久民. 公路工程费用监理[M]. 北京:人民交通出版社,2007.

2. 参考书

[1]张建仁. 工程费用监理[M]. 北京:人民交通出版社,1999.

[2]郝素先. 施工监理基础[M]. 北京:人民交通出版社,2003.

3. 规范规程

[1]中华人民共和国行业标准. JTG B06—2007 公路工程基本建设项目概算预算编制办法[S]. 北京:人民交通出版社,2008.

[2]中华人民共和国行业标准. JTG B06-02—2007 公路工程预算定额[S]. 北京:人民交通出版社,2008.

[3]中华人民共和国行业标准. JTG B06-03—2007　公路工程机械台班费用定额[S]. 北京:人民交通出版社,2008.

4. 其他

湖南省交通厅交通建设造价管理站. 公路工程工程量清单计量规则[M]. 北京:人民交通出版社,2011.

(二)师资条件建议

(1)专任教师:具有高校教师资格证,具有公路建设监理岗位工作经历,精通公路工程施工监理相关的基本理论与专业知识,具有较强的教科研能力。

(2)兼职教师:具有5年以上公路监理管理及相关岗位工作经历,有丰富的实际工作经验;具有中级以上专业技术职称或在职业技能竞赛中获得奖励;具有较强的教学组织能力。

(三)试验实训条件建议

本课程的试验实训条件配置建议如表4所示。

试验实训条件配置建议表　　表4

实训室名称	主要设备名称	主要实训项目
工程招投标模拟实训室	多媒体设备、招投标文件范本等	投标报价书制作实训
工程概预算模拟实训室	电脑、造价软件、图纸等	工程量清单的编制实训
路桥园综合实训基地	一般公路工程构造物展示段	工程计量实训

(四)教学方法建议

针对具体的教学内容和教学过程,总体采用项目教学法。在具体教学方法中,运用任务引导法、案例法、小组协作学习法等多种方法组织教学,以学生为中心"做中学、学中做",让学生人人参与,培养学生团队协作能力和实践动手能力。

(五)教学评价建议

本课程采用过程考核、综合考核等多元性评价,其中过程考核包括学习态度、课程作业等,占课程总成绩的40%,综合考核包括期末考试等,占课程总成绩的60%,全面综合评价学生能力。课程的考核办法如表5所示。

课 程 考 核 表　　表5

考核项目		考核方式	比例	
			分项	总体
过程考核	学习态度	根据课堂教学参与情况、课堂回答问题、出勤情况,由教师综合评定学生的学习态度得分	50%	40%
	课程作业	根据学生完成课后作业、任务工单的情况,由教师来评定成绩	50%	
综合考核		结合期末考试、实践考核等综合评定成绩	100%	60%
合计				100%

(课程标准制订人:刘芳)

附件3:《公路工程质量监理》课程标准

一、课程定位

本课程定位如表1所示。

课程定位表　　表1

课程名称及编号	公路工程质量监理(520723)
课设学期及学时	第4学期,共57学时
课程类型	专业核心学习领域
先导课程	公路工程监理概论、道路建筑材料试验、工程测量
平行课程	路桥检测、公路工程费用监理
后续课程	工程经济、公路工程进度监理

二、课程性质

本课程是高职类公路监理专业核心学习领域之一,其目标是在具备了质量监理的基本知识、基本理论和决策方法的基础上,培养学生进行质量监理和管理的能力,以及运用国家现行监理规范、规程、标准的能力,加强对工程质量监理新技术、新工艺的应用探讨,促进学生处理实际工程问题能力和质量监理管理能力的提高。

三、课程设计思路

按照职业岗位和职业能力培养的要求,本课程将学生职业能力培养的基本规律与课程系统化以及学生专业能力、方法能力和社会能力相结合,形成以企业真实生产项目为载体,以项目导向组织教学,以学生为中心,通过教师引导、教学做一体的工学结合教学模式,解决学生知识、技能、素质协调发展问题。

本课程在内容组织与安排上,遵循学生职业能力培养的基本规律,以公路工程质量监理过程中真实的工作任务及工作过程为载体,确定主题学习模块,将教学内容按照质量监理过程与进度进行序化。通过设置相应的学习情境,先教学生“学中做”,然后再教学生“做中学”,并引入相关的现行职业技能资格标准进行对照,真正做到“教、学、做”相结合,理论与实践一体化,实现操作知识与课程理论知识的深度融合。

四、课程目标

(一)知识目标

(1)掌握路基工程质量监理方法;
(2)掌握路面工程质量监理方法;
(3)掌握桥梁工程质量监理方法;
(4)掌握隧道工程质量监理方法。

(二)能力目标

(1)能进行路基质量监理;
(2)能进行路面质量监理;
(3)能进行桥梁质量监理;
(4)能进行隧道的质量监理。

(三)素质目标

(1)具有可持续发展的能力;
(2)具有团队协作能力;
(3)具有收集和处理信息的能力;
(4)具有获取新知识的能力;
(5)具有综合运用所学知识分析和解决问题的能力;
(6)具有良好的职业道德和敬业精神。

五、课程内容与学习目标

(一)课程内容结构安排

本课程分路基工程质量监理等 4 个学习情境,下设一般路基工程质量监理等 13 个工作任务,具体见表 2。

课程内容结构安排一览表 表 2

序号	学习情境	工作任务	参考学时
1	路基工程质量监理	一般路基工程质量监理	6
		路基排水工程质量监理	4
		支挡结构物质量监理	4
		边坡工程质量监理	2
2	路面工程质量监理	路面基层质量监理	4
		沥青路面质量监理	6
		水泥路面质量监理	6
3	桥梁工程质量监理	基础工程质量监理	6
		下部构造质量监理	4
		上部构造质量监理	6
		桥面系及附属工程质量监理	2
4	隧道工程质量监理	隧道土建结构监理	5
		隧道机电系统监理	2
合计			57

(二)课程内容要求(表3)

课程内容要求 表3

<table>
<tr><td>学习情境1:路基工程质量监理</td><td>参考学时:16</td></tr>
<tr><td colspan="2">学习目标:
能根据具体情况,对路基的各分项工程独立进行质量监理</td></tr>
<tr><td colspan="2">学习内容:
1. 掌握一般路基工程质量监理要点;
2. 掌握路基排水工程质量监理要点;
3. 掌握路基支挡结构质量监理要点;
4. 掌握路基边坡防护工程质量监理要点</td></tr>
<tr><td>教学资源:
1. 讲义、教案、多媒体课件;
2. 图片、模型、FLASH 动画、规程等;
3. 路基工程施工监理案例等</td><td>对学生基础要求:
1. 具有公路工程识图能力;
2. 了解公路基础知识概念;
3. 具有一般分析能力</td></tr>
<tr><td>学习情境2:路面工程质量监理</td><td>参考学时:16</td></tr>
<tr><td colspan="2">学习目标:
1. 能根据具体情况,对路面基层的施工质量进行监理;
2. 能根据具体情况,对沥青混凝土路面的施工质量进行监理;
3. 能根据具体情况,对水泥混凝土路面的施工质量进行监理</td></tr>
<tr><td colspan="2">学习内容:
1. 掌握路面基层质量监理要点;
2. 掌握沥青路面质量监理要点;
3. 掌握水泥路面质量监理要点</td></tr>
<tr><td>教学资源:
1. 讲义、教案、多媒体课件;
2. 图片、模型、FLASH 动画、规程等;
3. 路面工程施工监理案例等</td><td>对学生基础要求:
1. 具有公路工程识图能力;
2. 了解公路基础知识概念;
3. 具有一般分析能力</td></tr>
<tr><td>学习情境3:桥梁工程质量监理</td><td>参考学时:18</td></tr>
<tr><td colspan="2">学习目标:
能根据具体情况,对桥梁工程的各分项工程进行质量监理</td></tr>
<tr><td colspan="2">学习内容:
1. 掌握基础工程的施工质量监理要点;
2. 掌握桥梁下部构造的质量监理要点;
3. 掌握桥梁上部构造的质量监理要点;
4. 掌握桥梁附属工程的质量监理要点</td></tr>
<tr><td>教学资源:
1. 讲义、教案、多媒体课件;
2. 图片、模型、FLASH 动画、规程等;
3. 桥梁工程施工监理案例等</td><td>对学生基础要求:
1. 具有公路工程识图能力;
2. 了解公路基础知识概念;
3. 具有一般分析能力</td></tr>
</table>

续上表

学习情境4:隧道工程质量监理	参考学时:7
学习目标: 能根据具体情况,选用合适的隧道工程质量控制方法	
学习内容: 1.掌握隧道工程施工准备阶段的质量监理要点; 2.掌握隧道工程施工阶段的质量监理要点	
教学资源: 1.讲义、教案、多媒体课件; 2.图片、模型、FLASH动画、规程等; 3.隧道工程施工监理案例等	对学生基础要求: 1.具有公路工程识图能力; 2.了解公路基础知识概念; 3.具有一般分析能力

六、课程实施建议

(一)教材及参考资源建议

1.教材

仇益梅.公路施工质量监理[M].北京:人民交通出版社,2010.

2.参考书

[1]熊焕荣.公路路基路面施工监理指南[M].北京:人民交通出版社,2000.

[2]熊广忠.公路工程施工质量监理手册[M].北京:知识产权出版社,2003.

[3]周绪利.公路工程施工质量检查与验收手册[M].北京:人民交通出版社,2005.

3.规范规程

[1]中华人民共和国行业标准.JTG F10—2006　公路路基施工技术规范[S].北京:人民交通出版社,2006.

[2]中华人民共和国行业标准.JTG/T F50—2011　公路桥涵施工技术规范[S].北京:人民交通出版社,2011.

[3]中华人民共和国行业标准.JTG F80/1—2004　公路工程质量检验评定标准[S].北京:人民交通出版社,2004.

(二)师资条件建议

(1)专任教师:具有高校教师资格证,具有公路建设监理岗位工作经历,精通公路工程施工监理相关的基本理论与专业知识,具有较强的教科研能力。

(2)兼职教师:具有5年以上公路监理管理及相关岗位工作经历,有丰富的实际工作经验;具有中级以上专业技术职称或在职业技能竞赛中获得奖励;具有较强的教学组织能力。

(三)教学方法建议

针对具体的教学内容和教学过程,总体采用项目教学法。在具体教学方法中,运用任务引导法、案例法、小组协作学习法等多种方法组织教学,以学生为中心"做中学、学中做",让学生人人参与,培养学生团队协作能力和实践动手能力。

（四）教学评价建议

本课程采用过程考核、综合考核等多元性评价，其中过程考核包括学习态度、课程作业等，占课程总成绩的40%，综合考核包括期末考试等，占课程总成绩的60%，全面综合评价学生能力。课程的考核办法如表4所示。

课程考核表 表4

<table>
<tr><th colspan="2" rowspan="2">考核项目</th><th rowspan="2">考核方式</th><th colspan="2">比例</th></tr>
<tr><th>分项</th><th>总体</th></tr>
<tr><td rowspan="2">过程考核</td><td>学习态度</td><td>根据课堂教学参与情况、课堂回答问题、出勤情况，由教师综合评定学生的学习态度得分</td><td>50%</td><td rowspan="2">40%</td></tr>
<tr><td>课程作业</td><td>根据学生完成课后作业、任务工单的情况，由教师来评定成绩</td><td>50%</td></tr>
<tr><td colspan="2">综合考核</td><td>结合期末考试、实践考核等综合评定成绩</td><td>100%</td><td>60%</td></tr>
<tr><td colspan="4">合计</td><td>100%</td></tr>
</table>

（课程标准制订人：刘芳）

附件4：《公路工程进度监理》课程标准

一、课程定位

本课程定位如表1所示。

课程定位表 表1

课程名称及编号	公路工程进度监理（520724）
课设学期及学时	第5学期，共42学时
课程类型	专业核心学习领域
先导课程	监理概论、路桥检测、公路工程招投标与合同管理、公路工程质量监理、公路工程费用监理
平行课程	公路沿线设施施工、隧道工程施工、公路工程资料管理
后续课程	毕业顶岗实习

二、课程性质

本课程是高职类公路监理专业核心学习领域之一，其目标是培养学生在掌握进度监理的基本方法的基础上，能够进行进度计划的编制和审批，具备进度延误检查和调整的能力，促进学生处理实际工程问题能力和施工组织管理能力的提高。

三、课程设计思路

按照职业岗位和职业能力培养的要求，本课程将学生职业能力培养的基本规律与课程系统化以及学生专业能力、方法能力和社会能力相结合，形成以企业真实生产项目为载体，以项目导向组织教学，以学生为中心，通过教师引导、教学做一体的工学结合教学模式，解决学生知识、技能、素质协调发展问题。

本课程在内容组织与安排上，遵循学生职业能力培养的基本规律，以真实的监理项目为载体,确定主题学习模块,将教学内容按照监理项目实施进行序化。通过设置相应的学习情境,先教学生“学中做”,然后再教学生“做中学”,并引入相关的现行职业技能资格标准进行对照,真正做到“教、学、做”相结合,理论与实践一体化,实现操作知识与课程理论知识的深度融合。

四、课程目标

(一)知识目标

(1)掌握双代号网络计划图的绘制及时间参数的计算,并确定关键线路;
(2)掌握单代号网络计划图的绘制及时间参数的计算,并确定关键线路;
(3)掌握网络计划的时间优化、工期优化、成本优化的方法;
(4)了解流水作业网络计划及搭接网络计划的绘制及时间参数的计算;
(5)掌握进度计划的编制方法及进度计划的审查步骤;
(6)掌握工程进度延误处理与计划调整的方法。

(二)能力目标

(1)能绘制施工进度图,编制公路施工进度计划;
(2)能进行进度监理与进度检查,并进行延误处理与计划调整;
(3)能进行流水作业网络计划和搭接网络计划的编制;
(4)能完成进度资料整理与归档。

(三)素质目标

(1)具有可持续发展的能力;
(2)具有团队协作能力;
(3)具有收集和处理信息的能力;
(4)具有获取新知识的能力;
(5)具有综合运用所学知识分析和解决问题的能力;
(6)具有良好的职业道德和敬业精神。

五、课程内容与学习目标

(一)课程内容结构安排

本课程分关键线路的确定等 5 个学习情境,下设双代号网络计划图的绘制等 14 个工作任务,具体见表 2。

课程内容结构安排一览表 表 2

序号	学习情境	工作任务	参考学时
1	关键线路的确定	双代号网络计划图的绘制	4
		时间参数的计算及关键线路	4
		时标网络计划的绘制与计算	2
		单代号网络计划与计算	4

续上表

序号	学习情境	工作任务	参考学时
2	网络计划的优化	网络计划的时间优化	4
		网络计划工期与成本优化	2
		网络计划的资源优化	2
3	其他网络计划的优化	流水作业网络计划优化	2
		搭接网络计划优化	2
4	进度计划的编制与审批	进度计划的编制	6
		进度计划的评审	2
		进度计划的审批	2
5	进度监理与延误处理	进度监理与进度检查	2
		进度延误与计划调整	4
合计			42

(二)课程内容要求(表3)

课程内容要求 表3

<table>
<tr><td colspan="2">学习情境1:关键线路的确定</td><td>参考学时:14</td></tr>
<tr><td colspan="3">学习目标:
1.能独立完成双代号网络计划图的绘制;
2.能独立完成时间参数的计算及确定关键线路;
3.能独立完成时标网络计划图的绘制及时间参数计算;
4.能独立完成单代号网络计划绘制与时间参数计算</td></tr>
<tr><td colspan="3">学习内容:
1.掌握双代号网络计划图的绘图规则;
2.掌握双代号网络图时间参数计算的规律;
3.掌握双代号网络图关键线路的确定;
3.掌握时标网络计划图的绘图规则;
4.掌握单代号网络计划图的绘图方法;
5.了解单代号网络计划图时间参数计算</td></tr>
<tr><td>教学资源:
讲义、教案、多媒体课件、FLASH动画、施工进度管理案例等</td><td colspan="2">对学生基础要求:
1.具有公路工程基础知识;
2.具有一定的数理计算能力</td></tr>
<tr><td colspan="2">学习情境2:网络计划的优化</td><td>参考学时:8</td></tr>
<tr><td colspan="3">学习目标:
1.能根据计划工期要求,采取有效措施,对初始网络计划进行时间优化;
2.根据综合考虑工期与成本消耗,优化网络计划工期,达到成本代价最少</td></tr>
<tr><td colspan="3">学习内容:
1.掌握根据规定工期,进行网络计划的时间优化;
2.掌握综合考虑工期与成本消耗、网络计划工期与成本优化的方法;
3.了解网络计划的资源优化</td></tr>
<tr><td>教学资源:
讲义、教案、多媒体课件、FLASH动画、施工进度管理案例等</td><td colspan="2">对学生基础要求:
1.具有公路工程基础知识;
2.具有一定的数理计算能力</td></tr>
</table>

续上表

<table>
<tr><td colspan="2">学习情境3：其他网络计划的优化</td><td>参考学时:4</td></tr>
<tr><td colspan="3">学习目标：
1. 能根据流水作业的时间安排,绘制表达流水施工组织的双代号网络图；
2. 能了解搭接关系的分类,了解搭接网络图的绘制与时间参数</td></tr>
<tr><td colspan="3">学习内容：
1. 了解流水作业的特点,掌握表达流水施工组织的网络图的绘制；
2. 了解搭接关系的表达方法,及搭接网络图的绘制及时间参数计算原理</td></tr>
<tr><td>教学资源：
讲义、教案、多媒体课件、FLASH 动画、施工进度管理案例等</td><td colspan="2">对学生基础要求：
1. 具有公路工程基础知识；
2. 具有一定的数理计算能力</td></tr>
<tr><td colspan="2">学习情境4：进度计划的编制与审批</td><td>参考学时:10</td></tr>
<tr><td colspan="3">学习目标：
1. 能根据计划工期的要求,编制进度计划；
2. 能根据计划工期要求及施工单位的施工能力,审批进度计划</td></tr>
<tr><td colspan="3">学习内容：
1. 掌握运用施工进度计划的编制步骤,编制施工进度计划；
2. 了解总体施工进度计划的组成文件,及审批施工进度计划的步骤</td></tr>
<tr><td>教学资源：
讲义、教案、多媒体课件、FLASH 动画、施工进度管理案例等</td><td colspan="2">对学生基础要求：
1. 具有公路工程基础知识；
2. 具有一定的数理计算能力</td></tr>
<tr><td colspan="2">学习情境5：进度监理与延误处理</td><td>参考学时:6</td></tr>
<tr><td colspan="3">学习目标：
1. 能根据计划工期的要求,适时进行进度监理；
2. 能根据具体情况,适时进行延误处理</td></tr>
<tr><td colspan="3">学习内容：
掌握运用相当方法,进行进度监理与延误处理</td></tr>
<tr><td>教学资源：
讲义、教案、多媒体课件、FLASH 动画、施工进度管理案例等</td><td colspan="2">对学生基础要求：
1. 具有公路工程基础知识；
2. 具有一定的数理计算能力</td></tr>
</table>

六、课程实施建议

(一)教材及参考资源建议

1. 教材

罗娜. 工程进度监理[M]. 北京:人民交通出版社,2013.

2. 参考书

[1]周伟,王选仓. 道路经济与管理[M]. 北京:人民交通出版社,1998.

[2]廖正环. 道路施工组织与管理[M]. 北京:人民交通出版社,1990.

[3]邬晓光.桥梁施工组织与管理[M].北京:人民交通出版社,2008.

3.行业标准

[1]中华人民共和国行业标准.JTG/T B06-01—2007　公路工程预算定额[S].北京:人民交通出版社,2007.

[2]中华人民共和国行业标准.JTG G10—2006　公路工程施工监理规范[S].北京:人民交通出版社,2006.

(二)师资条件建议

(1)专任教师:具有高校教师资格证,具有公路建设施工管理岗位工作经历,精通公路工程施工相关的基本理论与专业知识,具有较强的教科研能力。

(2)兼职教师:具有5年以上公路建设施工管理及相关岗位工作经历,有丰富的实际工作经验;具有中级以上专业技术职称或在职业技能竞赛中获得奖励;具有较强的教学组织能力。

(三)试验实训条件建议

本课程的试验实训条件配置建议如表4所示。

试验实训条件配置建议表　　表4

实训室名称	主要设备名称	主要实训项目
工程招投标模拟实训室	公路工程预算定额(上下册)、招标文件、施工组织设计等资料	进度计划的编制实训

(四)教学方法建议

针对具体的教学内容和教学过程,总体采用项目教学法。在具体教学方法中,运用任务引导法、案例法、小组协作学习法等多种方法组织教学,以学生为中心"做中学、学中做",让学生人人参与,培养学生团队协作能力和实践动手能力。

(五)教学评价建议

本课程采用过程考核、综合考核等多元性评价,其中过程考核包括学习态度、课程作业等,占课程总成绩的40%,综合考核包括期末考试等,占课程总成绩的60%,全面综合评价学生能力。课程的考核办法如表5所示。

课程考核表　　表5

考核项目		考核方式	比例	
			分项	总体
过程考核	学习态度	根据课堂教学参与情况、课堂回答问题、出勤情况,由教师综合评定学生的学习态度得分	50%	40%
	课程作业	根据学生完成课后作业、任务工单的情况,由教师来评定成绩	50%	
综合考核		结合期末考试、实践考核等综合评定成绩	100%	60%
合计				100%

(课程标准制订人:李玮)

高等级公路维护与管理专业人才培养方案

第一部分　主体部分

一、专业名称(专业代码)

高等级公路维护与管理(520102)

二、招生对象

普通高中毕业生或具有同等学力者

三、学制

全日制三年

四、培养目标

本专业面向高等级公路养护与管理方向,培养德、智、体全面发展,具有与高等级公路养护与管理专业相适应的文化水平与素质、良好的职业道德和创新精神,掌握本专业必备的理论知识基础知识、专业知识和基本技能,具有较强的实际工作能力,熟练掌握工程制图、工程测量、高等级公路及大中桥与小桥涵的养护设计、养护工程试验和施工质量检测、施工组织设计、养护预算和进行施工组织管理的实践技能,并有一定的创新能力的生产一线高素质技术技能人才。

五、就业面向

本专业毕业生主要面向公路养护企业等单位,从事高速公路养护管理等技术工作。
主要岗位:养护工;
拓展岗位:试验检测员;
发展岗位:技术主管等。

六、培养规格

(一)素质目标

(1)具有强烈的责任意识、质量意识、安全意识及环保意识;
(2)具有良好的文化、身体和心理素质;
(3)爱岗敬业,团结协作,遵纪守法,热爱劳动;
(4)具有逢山开路、遇水架桥、一往无前的开路先锋精神和默默无闻、甘于奉献、不怕牺牲的铺路石精神。

（二）知识目标

（1）具有必要的文化基础知识、英语基础知识和一定的人文社会科学知识；
（2）掌握本专业所必需的基础理论知识；
（3）能企业管理、生产经营和技术经济分析的基础知识；
（4）能识读和绘制工程结构设计图，具有计算机操作应用的基本知识；
（5）熟悉工程建设法律、法规，熟悉工程建设管理体制和模式；
（6）了解高等级公路维护与管理科技发展的动态，了解本专业的新技术、新设备、新材料、新工艺等方面知识。

（三）能力目标

（1）具有一定的英语应用能力，能阅读和翻译本专业外文资料；
（2）具有识读和绘制工程结构设计图的能力；
（3）具有路桥工程试验检测的能力；
（4）具有在现场从事工程养护及路政管理的能力。

七、教学环节进程安排表

（一）培养时间分配表

高等级公路维护与管理专业培养时间分配如表3-1所示。

高等级公路维护与管理专业培养时间分配表 表3-1

学　　年		第一学年		第二学年		第三学年		合计
学　　期		1	2	3	4	5	6	
1	入学教育	1周						1周
2	国防教育	2周						2周
3	课内教学	16周	19周	15周	17周	14周		81周
4	实践教学			4周	2周			6周
5	生产实习					5周	19周	24周
累计		19周	19周	19周	19周	19周	19周	114周

注：1. 课内教学指按课程（学习领域）组织的各种教学活动，包括理论课程、理实一体化课程等。
2. 实践教学是指计划单列的非生产性实践教学活动，包括专业认识实践、专项单列实训、课程设计、综合设计、社会实践等。
3. 生产实习是指生产性教学实习活动，包括工学交替生产实习、生产劳动实习、毕业顶岗实习。

（二）教学进程表

高等级公路维护与管理专业教学进程如表3-2所示。

高等级公路维护与管理专业教学进程表　　表 3-2

序号	类别	课程名称	教学时数与学分				考核方式		课内教学时数及实践周数					
			总学时	学分	理论学时	实践学时	考试学期	考查学期	第一学年		第二学年		第三学年	
									一	二	三	四	五	六
									16 周	19 周	15 周	17 周	14 周	0 周
1	公共基础课程	思想道德修养与法律基础	64	4	64			1	4					
2		“两课”概论	76	5	76			2		4				
3		体育	70	5	10	60		1、2	2	2				
4		计算机应用基础	114	8	44	70	2			6				
5		土建数学	64	4	64			1	4					
6		大学英语Ⅰ	64	4	64		1		4					
7		大学英语Ⅱ	76	5	76		2			4				
8		任选课 1	30	2	30			3			2			
9		任选课 2	34	2	34			4				2		
10		就业指导	14	1	14			5					1	
公共基础课程小计			606	40	476	130	课内占比		33.97%					
1	专业基础学习领域	工程力学	64	4	60	4	1		4					
2		工程制图与识图	64	4	42	22	1		4					
3		工程测量	76	5	36	40	2			4				
4		道路建筑材料试验	75	5	35	40	3				5			
5		土力学与地基基础	75	5	61	14	3				5			
专业基础学习领域小计			354	23	234	120	课内占比		19.48%					
1	专业核心学习领域	路桥检测	68	5	38	30	4					4		
2		路基路面养护	51	3	36	15	4					3		
3		桥隧养护	51	3	36	15	4					3		
4		高速公路养护管理	51	3	41	10	4					3		
专业核心学习领域小计			221	14	151	70	课内占比		12.39%					
1	专业拓展学习领域	公路工程招投标与合同管理	68	5	58	10		4				4		
2		道路工程施工	60	4	40	20	3				4			
3		桥涵工程施工	60	4	40	20	3				4			
4		路桥 CAD	38	3	8	30		2		2				
5		公路工程管理	56	4	56			4					4	
6		隧道工程施工	42	3	32	10	5						3	
7		公路勘测设计	60	4	30	30		3			4			
8		工程经济	42	3	42			5					3	
9		公路沿线设施检测	42	3	30	12		5					3	
10		公路沿线设施施工	51	3	45	6		5				3		
11		公路工程监理	42	3	34	8	5						3	
12		公路工程资料管理	42	3	32	10		5					3	
专业拓展学习领域小计			603	42	447	156	课内占比		33.80%					
课内教学环节合计			1784	119	1308	476	总百分比		64.31%					

续上表

序号	类别	课程名称	教学时数与学分				考核方式		课内教学时数及实践周数					
			总学时	学分	理论学时	实践学时	考试学期	考查学期	第一学年		第二学年		第三学年	
									一	二	三	四	五	六
									16 周	19 周	15 周	17 周	14 周	0 周
1	独立实践环节	入学教育	1 周	1		30		1	1 周					
2		国防教育	2 周	2		60		1	2 周					
3		工程测量实训	4 周	6		120		3			4 周			
4		公路工程检测实训	2 周	4		60		4				2 周		
5		毕业顶岗实习	24 周	10		720		5、6					5 周	19 周
独立实践环节合计			990	23		990	总百分比		67.53%					
课时(学分)总计			2774	142	1308	1466	周时数		22	22	24	22	20	0
周数总计									19	19	19	19	19	19
理论教学总学时			1308				总百分比		47.15%					
实践教学总学时			1466				总百分比		52.85%					

(三)课程设置及学时比例

高等级公路维护与管理专业课程设置及学时比例如表3-3所示。

高等级公路维护与管理专业课程设置及学时比例表 表3-3

项目	理论教学	实践教学			
		实训	实习	顶岗实习	合计
学时	1308	476	270	720	1466
所占比例	47.15%	52.85%			

八、毕业标准

(一)基本要求

(1)德、智、体、美等方面均通过学生管理部门考核达标;

(2)按规定完成课程(学习领域)的学习,成绩合格;

(3)完成各项独立实践环节(单列科目,如课程设计、实训实习、毕业实践、毕业设计等)的学习,成绩合格。

(二)考证要求

(1)必须取得省级计算机等级证和英语应用能力证书;

(2)获得至少一个本专业职业资格证书(四级以上)方可毕业。

高等级公路维护与管理专业职业资格证书如表3-4所示。

高等级公路维护与管理专业职业资格证书表 表3-4

序号	考核项目	考核发证部门	等级要求
1	养护工	江西省人力资源与社会保障厅	四级
2	测量工	江西省人力资源与社会保障厅	四级
3	试验检测员	江西省交通工程质量监督站	

(三)其他要求

完成任选课的学习,并取得5学分。

九、其他说明

依托路桥工程系校企合作工作委员会,与江西省高速公路投资集团、江西交通工程集团有限公司、赣粤高速公路股份有限公司、天驰高速科技发展有限公司、江西省高速公路管理局、江西省公路管理局、江西省交通运输工程档案馆等企业合作,共同制订了本专业人才培养方案。

(执笔人:郝攀)

第二部分　支撑材料

一、专业人才培养实施条件

（一）专业教学团队

1. 师资数量与结构

（1）教师队伍结构优化，梯队合理，45 岁以下青年教师中研究生学历或硕士以上学位比例达到 30%。

（2）每门课程的专任教师应不少于 2 人，专任教师数量应与学生规模相适应，专任教师中高级职称的比例大于或等于 30%，主要专业技能课至少配备相关专业中级技术职称以上的专任教师 2 人。

（3）每门课程的专任教师中具备双师素质教师的比例应达到 50% 以上，由企业工程技术人员担任的兼职教师数达到专任教师总数的 50% 左右。

（4）专业试验、实习指导教师 80% 以上是大专以上学历或中级以上职称，同时，实习指导教师具有中高级职称的比例大于或等于 20%。

2. 业务水平

教师应具备良好的职业道德和一定的教学科研能力，达到高等教育教师任职资格的要求且具备高等教育教师任职资格。其中，主讲教师应由具备讲师以上职称的专任教师或工程师以上职称的兼任教师担任，参加科学研究或技术服务的专任教师人数不少于专任教师总数的 30%。

3. 教学团队现状

高等级公路维护与管理专业现有专业教师 10 人，其中专任教师 6 人，从试验检测、养护管理等相关单位聘请了具有丰富实践经验的兼职教师 4 名。专任教师中双师素质教师比例达 80% 以上。

（二）专业教学资源

1. 选用优秀的高职高专规划教材

在选择教材时，应整体研究制定教材选用标准和选用程序，确保具有时代性、应用性、先进性和普适性的优秀教材优先被选用，同时，要注意选用具有鲜明行业特征的高职高专规划教材、特色教材和精品教材。

2. 专业网络教学资源

以数字化校园建设为载体，以课程为主要表现形式、以素材资源为补充，利用网络学习平台建设共享性网络教学资源库，主要包括试题库、课件库、专业教学素材库、教学录像库等。

3. 其他教学资源

学院图书馆现有纸质图书 55 万余册，电子图书约 11.5 万册。其中，路桥专业 10.4 万余册，汽车专业约 2.8 万册，物流专业约 3.9 万册，交通智能控制专业约 8000 册，其他专业（包括机电、计算机等）约 5.2 万册；各种期刊（含历年合订本）约 1.2 万册。

（三）试验实训条件

1. 校内实训条件

（1）建设要求。根据高等级公路维护与管理专业培养目标和教学要求，校内应具备一体化教学和生产性实习等基本实训条件。实训室在设备和工位数量上能保证 1 个教学班实施理实一体化课程的需要，配置多媒体教学设备，便于开展教、学、做合一的教学活动。

（2）建设情况。根据高等级公路维护与管理专业的需要，建成了养护工程信息管理实训室等 6 个实训室，1 个路桥园综合实训基地，与学院交苑公路工程试验检测中心共建了 1 个"校中厂"，详见表 3-5。

校内实训条件情况一览表　　表 3-5

序号	名　称	主要设备	主要功能	对应课程	容纳人数
1	养护工程信息管理实训室	养护工程造价管理软件、公路养护管理信息系统（CPMS）、快速路况采集仪（PCR）、其他配件	主要承担公路养护工程的概预算编织、公路养护信息的收集与分析等	路基路面养护、桥隧养护、高速公路养护管理等	60 人
2	桥隧检测实训室	桥梁动载测试分析系统、桥梁静态采集系统、测斜仪、锚杆拉拔计、非金属超声波检测仪、锚杆锚固质量检测仪、激光隧道断面检测仪、磁粉探伤仪、超声测力计等	主要承担基桩完整性、结构混凝土测强、桥梁荷载试验等实训；开展试验检测员技能培训	路桥检测、桥隧养护	60 人
3	道路检测实训室	摆式摩擦系数测定仪、拉拔试验仪、车拖式汽油驱动路面取芯机、无核法密度湿度计、无核法沥青路面密度测试计、公路连续式平整度仪、新拌混凝土快速测试仪、手持式落锤弯沉仪等	主要承担灌砂法测压实度、路面厚度测试、路面弯沉试验、路面平整度试验、摩擦系数试验等实训；开展试验检测员技能培训	路桥检测、路基路面养护等	60 人
4	工程测量实训室	自动安平水准仪、电子水准仪、5″全站仪、动态 GPS 等	主要承担高程测量、施工放样等实训；开展测量工技能鉴定	工程测量	60 人
5	道路材料实训室	洛杉矶磨耗机、勃氏透气仪、岩石分类回弹仪、落锤冲击试验机、冻融试验机、混凝土磨耗试验机、沥青混合料搅拌机、马歇尔自动击实仪、马歇尔试验仪、全自动沥青抽提仪、薄膜烘箱、沥青混合料材料性能试验系统等	主要承担水泥性能试验、集料性能试验、水泥混凝土性能试验、沥青三大指标试验、沥青混合料取样试验、沥青混合料性能等实训；开展试验工技能鉴定	道路建筑材料试验	60 人

续上表

序号	名　称	主 要 设 备	主 要 功 能	对应课程	容纳人数
6	工程招投标模拟实训室	多媒体设备、模拟开标室家具设备、模拟标书制作家具设备	让学生开展模拟编制招投标文件、开标策划和开标评标现场等活动,熟悉相关业务流程	公路工程招投标与合同管理	60 人
7	路桥园综合实训基地	典型公路工程构造物等	主要承担试验检测人员考核、桥梁结构检测、结构混凝土检测、基桩检测、隧道工程检测、结构展示等	道路工程施工、桥涵工程施工、隧道工程施工	60 人
8	江西省交苑公路工程试验检测中心	电脑、试验数据处理软件等	开展试验检测综合实训、师资培养及社会培训等	路桥检测等	60 人

2. 校外实训条件

(1)建设要求。与公路建设与养护企业联合共建的校外实训基地不少于 3 个。

(2)建设情况。依托学院合作发展理事会,选择技术较为先进、管理水平较高、生产规模大、效益好的企业作为紧密合作对象,紧密合作的校外实训基地数量稳定在 7 家,如表 3-6 所示。

校外实训基地情况一览表　　表 3-6

序号	校外实训基地共建单位	主 要 功 能	容纳人数
1	江西省高速公路投资集团上高管理中心	1. 公路养护、试验检测等岗位顶岗实习; 2. 专业调研、人才培养方案修订、课程标准制定等	60 人
2	江西省高速公路投资集团赣州管理中心		60 人
3	江西省公路开发总公司		60 人
4	赣粤高速公路股份有限公司		60 人
5	江西省交通科学研究院		60 人
6	江西省公路工程试验检测中心		60 人
7	天驰高速科技发展有限公司		60 人

二、专业人才培养实施规范

(一)课程教学标准

1. 公共基础课程教学标准

本专业公共基础课程教学标准参照道路桥梁工程技术重点专业相关部分执行。

2. 专业基础学习领域教学标准

本专业的专业基础学习领域教学标准参照道路桥梁工程技术重点专业相关部分执行。

3. 专业核心学习领域教学标准

依据高等级公路维护与管理专业的培养目标和主要就业岗位的要求,其专业核心学习领域教学标准如表 3-7 所示。

专业核心学习领域教学标准 表 3-7

<table>
<tr><td>学习领域 1</td><td colspan="3">路桥检测</td></tr>
<tr><td>学期</td><td>第 4 学期</td><td>参考学时</td><td>68 学时</td></tr>
<tr><td>职业能力要求</td><td colspan="3">1. 能正确使用试验检测仪器和设备,规范地对路基工程、路面工程及桥梁工程进行试验与检测;
2. 能对照《公路工程质量检验评定标准》,对所检测公路工程项目做出正确的结论;
3. 能合理选择仪器,正确使用路基工程、路面工程及桥梁工程检测中所需的各类设备;
4. 能对试验检测仪器进行日常养护,对一般的仪器进行检验和校正</td></tr>
<tr><td>学习目标</td><td colspan="3">1. 熟悉计量法常识及国际单位制的基本内容;
2. 熟练使用常用检测仪器,采集各种试验检测数据;
3. 熟悉公路工程质量评定方法,对公路工程质量进行评价;
4. 根据分析公路工程质量缺陷产生的原因、提出改善措施;
5. 了解公路工程质量检测的发展方向,及时跟踪新材料、新工艺、新技术的发展动态</td></tr>
<tr><td>学习内容</td><td colspan="3">学习情境 1:路基土石方工程质量检测与评定
学习情境 2:排水工程质量检测与评定
学习情境 3:砌筑防护工程质量检测与评定
学习情境 4:路面基层和底基层质量检测与评定
学习情境 5:路面面层质量检测与评定
学习情境 6:桥梁基础工程质量检测与评定
学习情境 7:桥梁下部结构质量评定与验收
学习情境 8:桥梁上部结构检测与评定</td></tr>
<tr><td>学习领域 2</td><td colspan="3">路基路面养护</td></tr>
<tr><td>学期</td><td>第 4 学期</td><td>参考学时</td><td>51 学时</td></tr>
<tr><td>职业能力要求</td><td colspan="3">通过该课程的学习使学生掌握路基病害的防治、边坡病害的处治、路面养护技术、小型构造物的养护管理等知识,学有所成后能胜任高速公路的日常养护管理工作,通过考试可以获得养护工资格证书</td></tr>
<tr><td>学习目标</td><td colspan="3">1. 掌握软土路基的病害处治;
2. 掌握路基一般病害的处治;
3. 掌握边坡治水、滑坡处治;
4. 掌握边坡工程监测;
5. 掌握沥青路面的养护;
6. 掌握水泥路面的养护;
7. 掌握挡土墙的养护;
8. 掌握小桥涵的养护</td></tr>
<tr><td>学习内容</td><td colspan="3">学习情境 1:路基养护
学习情境 2:边坡养护
学习情境 3:路面养护
学习情境 4:小型构造物养护</td></tr>
<tr><td>学习领域 3</td><td colspan="3">桥隧养护</td></tr>
<tr><td>学期</td><td>第 4 学期</td><td>参考学时</td><td>51 学时</td></tr>
<tr><td>职业能力要求</td><td colspan="3">通过该课程的学习使学生掌握桥涵检测与状态评定方法、桥涵缺陷与病害的识别方法、桥涵维护与修复技术、桥涵加固技术的应用等,学成后能从事桥涵的养护维修工作,通过考试可以考取养护工资格证书</td></tr>
</table>

续上表

学习领域3	桥隧养护		
学期	第4学期	参考学时	51学时
学习目标	1. 掌握桥涵结构质量检测； 2. 掌握桥梁状态与承载能力评定方法； 3. 掌握桥涵墩台、基础缺陷与病害； 4. 掌握涵洞常见病害； 5. 掌握桥涵结构裂缝修补； 6. 掌握桥梁基础的维护； 7. 掌握涵洞维护管理； 8. 掌握桥梁加固方法； 9. 掌握涵洞加固方法		
学习内容	学习情境1：桥涵检测与状态评定 学习情境2：桥涵缺陷与病害 学习情境3：桥涵维护与修复技术 学习情境4：桥涵加固技术		
学习领域4	高速公路养护管理		
学期	第4学期	学时	51学时
职业能力要求	1. 能进行公路与桥梁现状调查与评价； 2. 能制订公路养护计划； 3. 能制订交通管制方案； 4. 能进行施工、养护资料的管理； 5. 能使用公路养护管理系统软件		
学习目标	1. 掌握路基、路面、桥梁、涵洞和隧道的养护； 2. 熟悉公路防洪、防冰、防雪和防沙； 3. 熟悉公路沿线设施的养护； 4. 掌握各等级公路养护流程及技术管理		
学习内容	学习情境1：路基养护 学习情境2：路面养护 学习情境3：桥梁涵洞养护 学习情境4：公路隧道养护 学习情境5：公路防洪、防冰、防雪和防沙 学习情境6：交通工程及沿线设施养护 学习情境7：公路养护管理		

4. 专业拓展学习领域教学标准

本专业与道路桥梁工程技术专业设置的相同学习领域，其教学标准参照道路桥梁工程技术重点专业相关部分执行。

5. 实践学习领域教学标准

本专业与道路桥梁工程技术专业设置的相同学习领域，其教学标准参照道路桥梁工程技术重点专业相关部分执行。

（二）教学组织

贯彻“合作办学、合作育人、合作发展”的理念，按照“依托行业、对接产业、定位职业、服务社会”的专业建设思路，以行动导向实施课程教学，形成以教师为主导、学生为主体、教学做合一、理论与实践合一、工学结合的教学模式。始终要重视学生在校学习与实际工作的一致性，采取工学交替、任务驱动、项目导向的一体化教学模式，运用任务驱动法、项目导向法、情境教学法、案例分析法、现场教学法、课堂讨论法等教学方法进行教学，立足于加强学生实际操作能力的培养。

核心课程建议采用“任务驱动、项目导向”教学法，通过典型的工作任务或项目，由教师提出要求或示范，组织学生进行活动，注重“教”与“学”的互动，让学生在活动中增强爱岗敬业、团结协作的意识，实现技能与素质的同步提高。实施“教、学、做”一体化教学，提高学生的学习兴趣，有效培养学生的职业能力；教师可着重进行引导并实施监督和评价。实践课程要加强引导、示范，创设工作情境，让学生亲自动手，提高学生岗位适应能力和分析处理问题的能力。

在教学过程中，要充分借鉴多媒体、教学资源库、网络资源等教学资源辅助教学，帮助学生理解所学知识。重视本专业领域新技术、新工艺、新设备的发展趋势。充分利用校外实训基地，校企合作，工学结合，积极引导学生提升职业素养和职业道德。紧密结合职业技能证书的考核、加强取证项目的训练。

（三）考核评价

吸纳用人单位专家参与教学质量评价，建立以能力为核心、以过程为重点的学习绩效考核评价体系。针对不同类型的课程采用不同的考核方法。对公共基础课程，建议采取理论考核的方法；对于专业学习领域，建议采取过程考核与综合考核相结合的方式；对于实践学习领域，尽量采用实操考核、过程考核的方法。具体原则如下：

1. 公共基础学习领域

考查课程由任课教师根据学生平时的到课率、作业完成情况等综合表现进行评定；考试课程总评成绩 = 平时成绩（考勤、提问、作业等）×40% + 期终考核 ×60%。

2. 专业学习领域

考查课程由任课教师根据学生平时的到课率、作业完成情况等综合表现进行评定；考试课程采取过程考核与综合考核相结合的评价方式，同时根据学生取得相应工种的职业资格证书的情况，综合评价学生成绩。其中过程考核包括学习态度、课程作业等，占课程总成绩的 40%；综合考核包括期末考试、实践考核等，占课程总成绩的 60%。如学生取得相应工种的职业资格证书，则该门课程考核为合格。

3. 实践学习领域

以工作态度、实际操作和实习报告等情况综合评定学生成绩，其中工作态度、实际操作等占 80%（在企业完成的项目由企业指导教师评定），实习报告占 20%。

（执笔人：郝攀）

第三部分　附　　件

附件 1:《路桥检测》课程标准

一、课程定位

本课程定位如表 1 所示。

课 程 定 位 表　　表 1

课程名称及编号	路桥检测(520221)
课设学期及学时	第 4 学期,共 68 学时
课程类型	专业核心学习领域
先导课程	工程力学、工程制图与识图、工程测量、道路建筑材料试验、土力学与地基基础、道路工程施工、桥涵工程施工
平行课程	桥隧养护、高速公路养护管理、公路工程招投标与合同管理、路基路面养护
后续课程	隧道工程施工、公路沿线设施检测、公路工程监理

二、课程性质

本课程是高职类高等级公路维护与管理专业核心学习领域之一,其目标是在具备了试验检测基本理论、测试操作技能及公路工程相关学科基础知识的基础上,培养学生动手操作与数据处理分析能力,同时能够运用国家现行施工规范、规程和标准,处理实际工程问题和做出试验结论评价。本专业学生应达到试验检测员资格证书相关技术考证的基本要求。

三、课程设计思路

按照职业岗位和职业能力培养的要求,本课程将学生职业能力培养的基本规律与课程系统化以及学生专业能力、方法能力和社会能力相结合,形成以企业真实生产项目为载体,以项目导向组织教学,以学生为中心,通过教师引导、教学做一体的工学结合教学模式,解决学生知识、技能、素质协调发展问题。

本课程在内容组织与安排上,遵循学生职业能力培养的基本规律,以路桥检测过程中真实的工作任务及工作过程为载体,确定主题学习模块,将教学内容按照路桥检测的检测单项进行教学。通过设置相应的现场实操,先教学生"学中做",然后再教学生"做中学",并引入相关的现行职业技能资格标准进行对照,真正做到"教、学、做"相结合,理论与实践一体化,实现操作知识与课程理论知识的深度融合。

四、课程目标

(一)知识目标

(1)熟悉各种检测规程和技术标准;
(2)了解路基路面与桥梁工程各类试验的试验原理;
(3)熟悉同种检测指标不同检测方法的特点;
(4)掌握公路、桥梁技术状况评价指标及使用方法;
(5)熟悉公路、桥梁检测过程中常出现问题的环节。

(二)能力目标

(1)能独立操作各项路桥试验,并熟悉每种试验的试验条件;
(2)能依据检测规程对路桥试验结果进行分析,并给出检测结论;
(3)能对路桥试验的试验结论分析论证,得出合理的检测报告;
(4)能对公路和桥梁进行技术状况评定。

(三)素质目标

(1)具有可持续发展的能力;
(2)具有团队协作能力;
(3)具有收集和处理信息的能力;
(4)具有获取新知识的能力;
(5)具有综合运用所学知识分析和解决问题的能力;
(6)具有良好的职业道德和敬业精神。

五、课程内容与学习目标

(一)课程内容结构安排

本课程分公路工程检测认知等3个学习情境,下设试验室资质等级划分等16个工作任务,具体见表2。

课程内容结构安排一览表 表2

序号	学习情境	工作任务	参考学时
1	公路工程检测认知	试验室资质等级划分	2
		公路工程质量检测评分	2
2	路基路面检测	路基路面几何尺寸检测	2
		路基路面压实度检测	6
		路基路面承载能力与强度检测	6
		水泥混凝土路面强度检测	4
		路面平整度检测	4
		路面抗滑性能检测	6
		沥青路面渗水系数和车辙测试	4
		公路技术状况评定	2

续上表

序号	学习情境	工作任务	参考学时
3	桥梁工程检测	桥梁地基检测	4
		桥梁基桩检测	6
		桥梁结构及构件检测	10
		桥梁荷载试验	4
		桥梁全桥检查	4
		桥梁技术状况评定	2
合计			68

(二)课程内容要求(表3)

课程内容要求 表3

学习情境1:公路工程检测认知	参考学时:4
学习目标: 1. 能熟悉试验检测机构和检测人员等级、专业、类别的划分; 2. 会对新建和改建公路工程进行质量评分与质量等级评定; 3. 会进行交工验收和竣工验收工程质量评分及质量等级评定	
学习内容: 1. 试验室资质等级划分; 2. 公路工程质量检测评分	
教学资源: 1. 讲义、教案、多媒体课件、图片、规程等; 2. 检测报告案例、公路工程检测规范等	对学生基础要求: 1. 具有一定数学计算能力; 2. 了解公路基础知识概念; 3. 具有一般分析能力
学习情境2:路基路面检测	参考学时:34
学习目标: 1. 会进行路基路面现场测试随机选点、路基路面几何尺寸检测、路面厚度检测、路面错台测试的操作; 2. 会进行路基路面几何尺寸及路面厚度的计算; 3. 能进行路基路面现场测试随机选点灌砂法、环刀法、核子密度仪法、钻芯法等几种路基路面现场压实度检测方法的操作; 4. 会进行路基路面压实度评定; 5. 能进行路基路面回弹弯沉、CBR 试验与土基现场 CBR 检测操作; 6. 会进行测试路段弯沉值计算与评定; 7. 能用超声回弹法、钻芯法测定路面水泥混凝土强度; 8. 会进行水泥混凝土弯拉强度评定计算; 9. 能进行路面抗滑性能测试操作; 10. 会进行路面抗滑性能检测数据计算与分析	

续上表

<table>
<tr><td>学习情境 2:路基路面检测</td><td>参考学时:34</td></tr>
<tr><td colspan="2">11. 能进行沥青路面渗水性能与车辙性能检测的操作;
12. 会进行沥青路面渗水系数、车辙深度检测的数据处理与计算;
13. 能进行公路技术状况的检测与调查;
14. 会进行公路技术状况评定</td></tr>
<tr><td colspan="2">学习内容:
1. 了解路基路面几何尺寸检测的具体项目及常用检测方法;
2. 掌握路基路面几何尺寸现场检测及测试结果的分析与处理;
3. 了解路基路面压实度概念;
4. 熟悉路基路面压实度检测方法及其特点;
5. 掌握路基路面压实度现场检测及其数据处理与分析;
6. 了解常见路基路面承载力检测方法测试原理及其适用性;
7. 熟悉路基路面弯沉值、室内 CBR 值及土基 CBR 值测试过程;
8. 掌握路基路面弯沉值测试及土基现场 CBR 值测试的方法;
9. 了解超声回弹法、钻芯法测试的基本概念及其原理;
10. 熟悉超声回弹法、钻芯法测定路面水泥混凝土强度的方法;
11. 掌握水泥混凝土弯拉强度评定;
12. 了解路面抗滑性能检测的测试方法及其特点;
13. 熟悉路面抗滑性能各种测试方法的测试要点;
14. 掌握路面抗滑性能检测及其数据的处理方法;
15. 了解沥青路面渗水系数、车辙测试原理;
16. 熟悉沥青路面渗水系数的测定方法与步骤;
17. 掌握沥青路面渗水系数与车辙测试过程;
18. 了解公路损坏类型;
19. 熟悉公路技术状况的评价指标、评定要求;
20. 掌握公路技术状况等级、公路技术状况的检测与调查方法、计算方法</td></tr>
<tr><td>教学资源:
1. 讲义、教案、多媒体课件、实训指导书、任务工单、图片、FLASH 动画、规程等;
2. 实训指导书、任务工单等</td><td>对学生基础要求:
1. 了解公路基础知识概念;
2. 具有一般分析、计算能力</td></tr>
<tr><td>学习情境 3:桥梁工程检测</td><td>参考学时:30</td></tr>
<tr><td colspan="2">学习目标:
1. 能利用动力触探试验、标准贯入试验及承载板试验三种方法确定地基承载力;
2. 能利用反射波法检测预制桩的完整性,以及利用声波投射法检测灌注桩的完整性;
3. 会进行基桩竖向抗压承载力测试与分析;
4. 能进行结构混凝土强度检测操作;
5. 会进行桥梁结构及构件的质量缺陷数据处理计算;
6. 能在桥梁静载荷试验中确定加载和测试“控制断面”,加载效率计算,加、卸载的分级,终止试验条件,测试内容、方法,测点布置,仪器选配,挠度、应力应变、裂缝等数据处理及曲线绘制等操作</td></tr>
</table>

续上表

<table>
<tr><td>学习情境3:桥梁工程检测</td><td>参考学时:30</td></tr>
<tr><td colspan="2">7. 会桥梁动载荷试验方法、测试内容、测点布置、仪器选用,会振型、频率和阻尼三个动力特性参数的测试和分析,动挠度、动应力应变的测试方法和数据处理等操作;
8. 能进行旧桥的外观普查,并填写相应报告表格;
9. 能够利用各种检测仪器进行成桥的无破损检测;
10. 能够根据设计资料进行相关检验计算,判断桥梁结构的安全承载能力及评价桥梁的营运质量;
11. 会进行桥梁技术状况评定计算</td></tr>
<tr><td colspan="2">学习内容:
1. 了解桥梁地基的定义、质量检验项目及检验方法;
2. 熟悉各种地基承载力检测方法的适用范围;
3. 掌握圆锥动力触探、标准贯入试验、荷载试验的检测原理、操作步骤、数据处理、结果应用;
4. 了解基桩工程常见的质量问题;
5. 熟悉高应变动测法的试验步骤、数据分析与判定,以及钻芯法检测基桩完整性的试验步骤、数据分析与判定;
6. 掌握低应变反射波法和超声波法检测基桩完整性的试验步骤、数据分析与判定,以及单桩竖向抗压承载能力测试的试验步骤、数据分析与应用;
7. 了解混凝土强度检测的类型及成品梁板的质量检测项目;
8. 熟悉结构混凝土内部缺陷和裂缝检测的基本方法;
9. 掌握无损检测结构混凝土强度的方法和结果评价;
10. 了解桥梁荷载试验的目的和基本意义;
11. 熟悉桥梁荷载与承载力评定的相关设计、试验规范及规程;
12. 掌握桥梁静荷载试验和动荷载试验的主要操作程序和注意事项;
13. 了解桥梁全桥检查的目的和意义,以及全桥检查的工作程序;
14. 熟悉桥梁一般检查的目的、内容及要点,以及桥梁详细检查的目的、内容;
15. 掌握一般检查后的评定与报告内容,以及详细检查后的鉴定与报告内容;
16. 了解各结构形式桥梁部件分类和5类桥梁技术状况单项控制指标;
17. 熟悉桥梁技术状况评定工作流程;
18. 掌握桥梁技术状况评定方法及等级分类</td></tr>
<tr><td>教学资源:
1. 讲义、教案、多媒体课件、实训指导书、任务工单、系统仿真软件、图片、模型、FLASH动画、规程等;
2. 实训指导书、任务工单、检测报告样本等</td><td>对学生基础要求:
1. 了解公路基础知识概念;
2. 具有一般分析、计算能力</td></tr>
</table>

六、课程实施建议

(一)教材及参考资源建议

1. 教材

王立军. 公路工程检测[M]. 北京:黄河水利出版社,2012.

2. 参考书

[1]张美珍. 桥梁工程检测技术[M]. 北京:人民交通出版社,2007.

[2]赵卫平. 路基路面检测技术[M]. 北京:人民交通出版社,2006.

[3]和松.《路基路面现场测试规程》释义手册[M]. 北京:人民交通出版社,2008.

[4]王建华,孙胜江.桥涵工程试验检测技术[M].北京:人民交通出版社,2010.

[5]孙忠义,王建华.公路工程试验检测工程师手册[M].北京:人民交通出版社,2006.

3.规范规程

[1]中华人民共和国行业标准.JTG/T H21—2011 公路桥梁技术状况评定标准[S].北京:人民交通出版社,2011.

[2]中华人民共和国国家标准.GB/T 8017—2008 数值修约规则与极限数值的表示与判定[S].北京:中国标准出版社,2009.

[3]中华人民共和国行业标准.JTG F80/1—2004 公路工程质量检验评定标准[S].北京:人民交通出版社,2004.

[4]中华人民共和国行业标准.JTG E60—2008 公路路基路面现场测试规程[S].北京:人民交通出版社,2008.

(二)师资条件建议

(1)专任教师:具有高校教师资格证,具有公路工程检测岗位工作经历,精通公路工程检测相关的基本理论与专业知识,具有较强的教科研能力。

(2)兼职教师:具有5年以上公路检测及相关岗位工作经历,有丰富的实际工作经验;具有中级以上专业技术职称或在职业技能竞赛中获得奖励;具有较强的教学组织能力。

(三)试验条件建议

本课程的试验实训条件配置建议如表4所示。

试验实训条件配置建议表 表4

试验室名称	主要设备名称	主要试验项目
路桥园综合实训基地	灌砂筒、无核密度仪等	路基路面压实度检测实训
	贝克曼梁等	路基路面强度检测实训
	摆式摩擦仪等	沥青路面抗滑性能检测实训
	渗水仪等	沥青路面渗水系数检测实训
	超声波仪等	基桩完整性检测实训

(四)教学方法建议

针对具体的教学内容和教学过程,总体采用项目教学法。在具体教学方法中,运用任务引导法、案例法、小组协作学习法等多种方法组织教学,以学生为中心"做中学、学中做",让学生人人参与,培养学生团队协作能力和实践动手能力。

(五)教学评价建议

本课程采用过程考核、综合考核等多元性评价,其中过程考核包括学习态度、课程作业等,占课程总成绩的40%,综合考核包括期末考试等,占课程总成绩的60%,全面综合评价学生能力。课程的考核办法如表5所示。

课程考核表 表5

<table>
<tr><td colspan="2" rowspan="2">考核项目</td><td rowspan="2">考核方式</td><td colspan="2">比例</td></tr>
<tr><td>分项</td><td>总体</td></tr>
<tr><td rowspan="2">过程考核</td><td>学习态度</td><td>根据课堂教学参与情况、课堂回答问题、出勤情况，由教师综合评定学生的学习态度得分</td><td>50%</td><td rowspan="2">40%</td></tr>
<tr><td>课程作业</td><td>根据学生完成课后作业、任务工单的情况，由教师来评定成绩</td><td>50%</td></tr>
<tr><td colspan="2">综合考核</td><td>结合期末考试、实践考核等综合评定成绩</td><td>100%</td><td>60%</td></tr>
<tr><td colspan="4">合计</td><td>100%</td></tr>
</table>

（课程标准制订人：姜小磊）

附件2：《路基路面养护》课程标准

一、课程定位

本课程定位如表1所示。

课程定位表 表1

课程名称及编号	路基路面养护（520222）
课设学期及学时	第4学期，共51学时
课程类型	专业核心学习领域
先导课程	工程力学、工程制图与识图、工程测量、道路建筑材料试验、土力学与地基基础、道路工程施工、桥涵工程施工
平行课程	桥隧养护、高速公路养护管理、公路工程招投标与合同管理、公路沿线设施施工、路桥检测
后续课程	公路工程管理、隧道工程施工、公路工程监理

二、课程性质

本课程是高职类高等级公路维护与管理专业核心学习领域之一，其目标是在具备了路基路面检测、路基路面施工和公路工程相关学科基础知识的基础上，培养学生动手操作能力与问题分析处理能力，同时能够运用国家现行施工规范、规程和标准，处理实际工程问题和做出养护处理方案。

三、课程设计思路

按照职业岗位和职业能力培养的要求，本课程将学生职业能力培养的基本规律与课程系统化以及学生专业能力、方法能力和社会能力相结合，形成以企业真实生产项目为载体，以项目导向组织教学，以学生为中心，通过教师引导、教学做一体的工学结合教学模式，解决学生知识、技能、素质协调发展问题。

本课程在内容组织与安排上，遵循学生职业能力培养的基本规律，以路基路面养护过程中真实的工作任务及工作过程为载体，确定主题学习模块，将教学内容按照路基路面养护过程与进度进行序化。通过设置相应的学习情境，先教学生“学中做”，然后再教学生“做中学”，并引入相关的现行职业技能资格标准进行对照，真正做到“教、学、做”相结合，理论与实践一体化，实现操作知识与课程理论知识的深度融合。

四、课程目标

（一）知识目标

（1）能掌握公路路基路面养护的工作内容与基本要求；
（2）能对路基、沥青路面、水泥路面的常见病害做原因分析；
（3）能掌握常用的公路路基、水泥路面、沥青路面养护方法；
（4）能掌握常用的路基、水泥路面、沥青路面养护方法现场施工工序；
（5）能了解沥青路面、水泥路面的预防性养护种类与各自的实施措施；
（6）能掌握沥青路面补强方法与水泥路面局部破损处理方法；
（7）能掌握水泥路面、沥青路面现场交通控制方法与施工机械选择。

（二）能力目标

（1）能对公路路基进行病害调查并分析病害原因；
（2）能根据路基病害给出养护管理方案，并组织现场养护施工；
（3）能对水泥路面、沥青路面进行病害调查并分析病害原因；
（4）能根据水泥路面、沥青路面的病害情况给出养护管理方案，并组织现场养护施工；
（5）能根据水泥路面、沥青路面的养护措施，选择合适的施工机械和养护材料；
（6）能独立制作水泥混凝土预制块，并用预制块进行现场病害养护和维修。

（三）素质目标

（1）具有可持续发展的能力；
（2）具有团队协作能力；
（3）具有收集和处理信息的能力；
（4）具有获取新知识的能力；
（5）具有综合运用所学知识分析和解决问题的能力；
（6）具有良好的职业道德和敬业精神。

五、课程内容与学习目标

（一）课程内容结构安排

本课程分路基养护等 3 个学习情境，下设一般路基养护等 15 个工作任务，具体见表 2。

课程内容结构安排一览表 表2

序号	学习情境	工作任务	参考学时
1	路基养护	一般路基养护	4
		特殊路基养护	3
2	沥青路面养护	沥青路面状况调查及评价	4
		沥青路面日常养护	2
		沥青路面常见病害的维修	4
		沥青路面预防性养护	6
		沥青路面翻修与再生	4
		沥青路面补强和加宽	2
3	水泥混凝土路面养护	水泥混凝土路况调查与评价	4
		水泥混凝土路面日常养护	4
		水泥混凝土路面局部破损处理	4
		水泥混凝土路面改善	2
		水泥混凝土路面修复	2
		水泥混凝土预制块路面养护与维修	4
		养护维修安全作业及交通控制	2
合计			51

(二)课程内容要求(表3)

课程内容要求 表3

学习情境1:路基养护	参考学时:7
学习目标: 1. 能根据公路路基病害表象,分析病害原因; 2. 能根据公路路基病害,给出初步的养护管理方法; 3. 能对公路路基日常状态,给出初步的养护管理方法; 4. 能掌握主要的路基养护方法与养护施工过程	
学习内容: 1. 熟悉公路路基养护的工作内容与基本要求; 2. 熟悉公路路基日常养护的分类; 3. 掌握公路路基常见病害及其原因分析; 4. 熟悉特殊路基常见病害及其原因分析; 5. 掌握常用的公路路基养护方法。	
教学资源: 1. 讲义、教案、多媒体课件、图片、规程等; 2. 公路路基养护案例	对学生基础要求: 1. 了解公路基础知识概念; 2. 具有一般分析能力

续上表

学习情境2:沥青路面养护	参考学时:22
学习目标: 1. 能根据沥青路面的路况,独立编写合适的沥青路面路况调查表; 2. 能独立进行沥青路面现场路况调查; 3. 能针对沥青路面的病害,给出养护处置方案与补强方案; 4. 能根据给定的沥青路面处置方案,在现场独立实施养护作业; 5. 能根据不同的路基路面养护方法,选择合适的养护机械; 6. 能根据给定的预防性养护措施,组织现场预防性养护施工作业; 7. 能利用常用的沥青路面补强方法对沥青路面现场补强; 8. 能根据现场的沥青路面病害特点,对养护机械、养护材料、养护方法制作可行的方案计划	
学习内容: 1. 了解沥青路面路况调查的调查方法与调查参数; 2. 掌握沥青路面路况调查评价方法; 3. 掌握常用的沥青路面日常养护方法; 4. 熟悉沥青路面常见病害的种类与成因; 5. 掌握沥青路面常见病害的处置方法与现场施工工序; 6. 了解沥青路面预防性养护的种类; 7. 熟悉沥青路面主要预防性养护措施的使用条件; 8. 掌握沥青路面预防性养护措施的现场施工方法; 9. 了解常用的沥青路面翻修与再生技术; 10. 掌握沥青路面翻修与再生技术使用条件; 11. 熟悉常用的沥青路面翻修与再生方法; 12. 了解沥青路面补强和加宽技术的应用条件; 13. 熟悉常用的沥青路面补强方法; 14. 熟悉沥青路面加宽技术的施工方法; 15. 熟悉沥青路面养护维修中常用的养护机械与养护材料	
教学资源: 1. 讲义、教案、多媒体课件、图片、FLASH 动画、规程等; 2. 沥青路面病害处置案例及养护工程案例	对学生基础要求: 1. 了解公路基础知识概念; 2. 具有一般分析、计算能力
学习情境3:水泥混凝土路面养护	参考学时:22
学习目标: 1. 能根据水泥路面的路况,独立编写合适的水泥路面路况调查表; 2. 能独立进行水泥路面现场路况调查,并对调查结果进行评价; 3. 能根据水泥混凝土路面局部破损情况,给出修复方案; 4. 能根据水泥混凝土路面的局部破损情况,进行现场维修作业; 5. 能用水泥混凝土预制块对水泥路面的常见病害进行养护和维修; 6. 能组织实施水泥混凝土预制块的制作; 7. 能做水泥混凝土路面现场施工交通工程组织方案	

续上表

学习情境3:水泥混凝土路面养护	参考学时:22
学习内容: 1. 掌握水泥路面路况调查的调查指标与调查方法; 2. 掌握水泥路面路况调查结果的评价方法; 3. 熟悉常用的水泥路面日常养护方法; 4. 熟悉水泥路面常见病害的种类与成因; 5. 掌握水泥路面局部破损处理的处置方法与现场施工工序; 6. 了解水泥路面改善的基本方法; 7. 熟悉水泥路面修复的基本方法与现场施工工序; 8. 掌握水泥混凝土预制块的现场制作方法; 9. 掌握水泥混凝土预制块养护方法的使用条件; 10. 了解水泥混凝土路面养护维修安全的主要内容; 11. 掌握水泥混凝土路面现场养护交通控制方法与常用控制措施	
教学资源: 1. 讲义、教案、多媒体课件、图片、FLASH 动画、规程等; 2. 水泥混凝土路面病害处置案例及养护工程案例	对学生基础要求: 1. 了解公路基础知识概念; 2. 具有一般分析、计算能力

六、课程实施建议

(一)教材及参考资源建议

1. 教材

杨平. 路基路面养护[M]. 北京:人民交通出版社,2012.

2. 参考书

[1]高建立. 高速公路沥青路面养护关键技术与工程实例[M]. 北京:人民交通出版社,2006.

[2]戴新忠. 公路路基与路面养护[M]. 北京:人民交通出版社,2009.

[3]王红霞. 公路养护与管理技术[M]. 北京:人民交通出版社,2006.

[4]彭富强. 公路养护技术与管理[M]. 北京:人民交通出版社,2014.

3. 规范规程

[1]中华人民共和国行业标准. JTG H10—2009　公路养护技术规范[S]. 北京:人民交通出版社,2009.

[2]中华人民共和国行业标准. JTJ 073. 1—2001　公路水泥混凝土路面养护技术规范[S]. 北京:人民交通出版社,2001.

[3]中华人民共和国行业标准. JTJ 073. 2—2001　公路沥青路面养护技术规范[S]. 北京:人民交通出版社,2001.

[4]中华人民共和国行业标准. JTG/T H21—2011　公路桥梁技术状况评定标准[S]. 北京:人民交通出版社,1994.

(二)师资条件建议

(1)专任教师:具有高校教师资格证,具有公路建设施工管理岗位或管理养护岗位工作经历，精通公路工程养护相关的基本理论与专业知识，具有较强的教科研能力。

（2）兼职教师：具有5年以上公路建设施工管理或管理养护等相关岗位工作经历，有丰富的实际工作经验；具有中级以上专业技术职称或在职业技能竞赛中获得奖励；具有较强的教学组织能力。

（三）教学方法建议

针对具体的教学内容和教学过程，总体采用项目教学法。在具体教学方法中，运用案例法、小组协作学习法等多种方法组织教学，以学生为中心"做中学、学中做"，让学生人人参与，培养学生团队协作能力和实践动手能力。

（四）教学评价建议

本课程采用过程考核、综合考核等多元性评价，其中过程考核包括学习态度、课程作业等，占课程总成绩的40%，综合考核包括期末考试等，占课程总成绩的60%，全面综合评价学生能力。课程的考核办法如表4所示。

课程考核表

表4

考核项目		考核方式	比例	
			分项	总体
过程考核	学习态度	根据课堂教学参与情况、课堂回答问题、出勤情况，由教师综合评定学生的学习态度得分	50%	40%
	课程作业	根据学生完成课后作业的情况，由教师来评定成绩	50%	
综合考核		期末考试	100%	60%
合计				100%

（课程标准制订人：姜小磊）

附件3：《桥隧养护》课程标准

一、课程定位

本课程定位如表1所示。

课程定位表

表1

课程名称及编号	桥隧养护（520223）
课设学期及学时	第四学期，共51学时
课程类型	专业核心学习领域
先导课程	工程力学、工程制图与识图、工程测量、道路建筑材料试验、土力学与地基基础
平行课程	路基路面养护、高速公路养护管理、公路沿线设施施工
后续课程	公路工程监理、公路工程资料管理、公路沿线设施检测

二、课程性质

本课程是高职类高等级公路维护与管理专业核心学习领域之一，其目标是使学生能进行公路与桥梁现状调查，并能通过对调查结果的分析，制订养护计划，确定维修养护对策，培养学生桥隧养护和施工管理的能力，以及运用国家现行施工规范、规程、标准的能力，促进学生处理实际工程问题能力和养护管理能力的提高。本专业学生应达到养护工资格证书相关技术考证的基本要求。

三、课程设计思路

按照职业岗位和职业能力培养的要求，本课程将学生职业能力培养的基本规律与课程系统化以及学生专业能力、方法能力和社会能力相结合，形成以企业真实生产项目为载体，以项目导向组织教学，以学生为中心，通过教师引导、教学做一体的工学结合教学模式，解决学生知识、技能、素质协调发展问题。

本课程在内容组织与安排上，参照国家行业标准和职业岗位的职业要求，遵循学生职业能力培养的基本规律，进行基于工作过程的课程开发，构建区别于传统学科型课程内容体系的基于工作过程的课程内容体系。以桥隧养护工作中真实的工作任务及工作过程为载体，确定主题学习模块，将教学内容按照桥隧养护的要点进行序化。通过设置相应的学习情境，先教学生“学中做”，然后再教学生“做中学”，并引入相关的现行职业技能资格标准进行对照，真正做到“教、学、做”相结合，理论与实践一体化，实现操作知识与课程理论知识的深度融合。

四、课程目标

（一）知识目标

(1)能熟悉桥梁、涵洞、隧道工程各部件；
(2)能说明桥隧养护工作中各项检查的周期及养护技术要点；
(3)能编制各类桥隧工程养护工作计划，并能监督养护计划实施；
(4)能根据检查数据资料和技术规范，对病害进行初步分析评价；
(5)能确定相应的养护对策，制订养护方案；
(6)能指导桥隧工程养护、维修加固施工；
(7)能进行桥隧工程灾害防治和抢修；
(8)能了解桥隧养护与维修常用的机具及安全作业。

（二）能力目标

(1)能确定桥隧工程养护检查周期，并能进行定期检查；
(2)能根据具体工程编制各类桥隧工程养护工作计划；
(3)能初步根据桥隧技术规范对桥梁、涵洞、隧道工程进行质量检查和控制；
(4)能完成检查数据资料整理、分析、评价，以及资料归档。

（三）素质目标

(1)具有良好的思想品德、心理素质；
(2)具有团队协作、协调人际关系的能力；
(3)具有获取新知识、新技能的学习能力和创新能力；

(4)具有综合运用所学知识分析和解决问题的能力；

(5)具有良好的职业道德和敬业精神。

五、课程内容与学习目标

(一)课程内容结构安排

本课程分桥梁工程养护等3个学习情境，下设桥面系的养护等17个工作任务，具体见表2。

课程内容结构安排一览表　　　　表2

序号	学习情境	工作任务	参考学时
1	桥梁工程养护	桥面系的养护	6
		混凝土梁(板)结构养护	6
		拱桥养护	2
		钢桥养护	2
		斜拉桥、悬索桥养护	2
		桥梁支座的养护	2
		桥墩养护与加固	2
		桥台养护与加固	2
		基础养护与加固	2
		锥坡、翼墙的养护	2
2	涵洞工程养护	涵洞主体结构养护	2
		洞口及附近填土养护	2
3	隧道工程养护	隧道洞身衬砌养护	5
		隧道洞口养护	3
		隧道洞门养护	3
		隧道路面养护	2
		隧道机电设施养护	6
合计			51

(二)课程内容要求(表3)

课程内容要求　　　　表3

学习情境1:桥梁工程养护	参考学时:28
学习目标: 1.能编制各类桥梁工程养护计划并监督执行; 2.能把握桥梁工程养护技术要点并进行重点检查; 3.能根据检查数据资料和技术规范,对各类病害进行初步分析评价; 4.能确定相应的养护对策,制订养护方案; 5.能了解桥梁工程维修加固设计; 6.能指导桥梁工程养护施工和维修加固施工; 7.能掌握桥梁工程灾害防治和抢修; 8.能了解桥梁养护与维修常用的机具及安全作业	

续上表

<table>
<tr><td colspan="2">学习情境 1:桥梁工程养护</td><td>参考学时:28</td></tr>
<tr><td colspan="3">学习内容:
1. 掌握桥面铺装的构造以及养护技术要点;
2. 掌握伸缩缝、排水设施、照明、标志等桥面附属设施的养护技术要点;
3. 熟悉桥梁上部结构的构造分类;
4. 掌握混凝土梁(板)结构的养护技术要点;
5. 了解拱桥、钢桥、斜拉桥、悬索桥等上部结构的养护技术要点;
6. 掌握桥梁支座的养护及更换;
7. 熟悉桥梁工程下部结构的构造;
8. 掌握桥墩(台)及基础、锥坡、翼墙的养护技术要点;
9. 熟悉桥梁工程养护技术方案;
10. 了解桥梁工程维修加固设计;
11. 掌握桥梁工程养护施工和维修加固施工;
12. 掌握桥梁工程灾害防治和抢修;
13. 了解桥梁养护与维修常用的机具及安全作业</td></tr>
<tr><td>教学资源:
讲义、教案、多媒体课件、实训指导书、任务工单、图片、模型、FLASH 动画等。
企业资源:
施工案例、桥涵养护技术规范、施工手册等</td><td colspan="2">对学生基础要求:
1. 具有一般桥梁基础知识概念;
2. 了解养护基础知识;
3. 具有一定归纳分析能力</td></tr>
<tr><td colspan="2">学习情境 2:涵洞工程养护</td><td>参考学时:4</td></tr>
<tr><td colspan="3">学习目标:
1. 能把握涵洞工程的养护技术要点并进行重点检查;
2. 能根据检查数据资料和技术规范,对各类病害进行初步分析评价;
3. 能确定相应的养护对策,制订养护方案;
4. 能了解涵洞工程维修加固设计;
5. 能指导涵洞工程养护施工和维修加固施工;
6. 能掌握涵洞工程灾害防治和抢修;
7. 能了解涵洞养护与维修常用的机具及安全作业</td></tr>
<tr><td colspan="3">学习内容:
1. 熟悉涵洞工程的构造;
2. 掌握涵洞工程各部件的养护技术要点;
3. 熟悉涵洞工程养护技术方案;
4. 了解涵洞工程维修加固设计;
5. 掌握涵洞工程养护施工和维修加固施工;
6. 掌握涵洞工程灾害防治和抢修;
7. 了解涵洞养护与维修常用的机具及安全作业</td></tr>
<tr><td>教学资源:
讲义、教案、多媒体课件、实训指导书、任务工单、图片、模型、FLASH 动画等。
企业资源:
施工案例、桥涵养护技术规范、施工手册等</td><td colspan="2">对学生基础要求:
1. 具有一般涵洞基础知识概念;
2. 了解养护基础知识;
3. 具有一定归纳分析能力</td></tr>
</table>

续上表

<table>
<tr><td>学习情境3:隧道工程养护</td><td>参考学时:19</td></tr>
<tr><td colspan="2">学习目标:
1. 能掌握隧道工程土建结构的构造以及养护技术要点;
2. 能掌握隧道工程机电设施的分类以及养护技术要点;
3. 能熟悉隧道工程养护方案的编写;
4. 能了解隧道工程维修加固设计;
5. 能指导隧道工程养护、维修加固施工;
6. 能掌握隧道工程灾害防治和抢修;
7. 能了解隧道养护与维修常用的机具及安全作业</td></tr>
<tr><td colspan="2">学习内容:
1. 掌握隧道洞身衬砌的构造及养护技术要点;
2. 掌握洞口、洞门、洞内路面等结构的养护技术要点;
3. 熟悉隧道机电设施的分类;
4. 掌握隧道机电设施的养护技术要点;
5. 熟悉隧道工程养护技术方案;
6. 了解隧道工程维修加固设计;
7. 掌握隧道工程养护、维修加固施工;
8. 掌握隧道工程灾害防治和抢修;
9. 了解隧道养护与维修常用的机具及安全作业</td></tr>
<tr><td>教学资源:
讲义、教案、多媒体课件、实训指导书、任务工单、图片、模型、FLASH 动画等。
企业资源:
施工案例、隧道养护技术规范、施工手册等</td><td>对学生基础要求:
1. 具有一般隧道基础知识概念;
2. 了解养护基础知识;
3. 具有一定归纳分析能力</td></tr>
</table>

六、课程实施建议

(一)教材及参考资源建议

1. 教材

管频,王运周. 公路桥涵与隧道养护[M]. 北京:人民交通出版社,2009.

2. 参考书

[1]交通部公路管理司. 公路养护与管理手册[M]. 北京:人民交通出版社,1997.

[2]交通部公路管理司. 公路养护管理文件汇编[M]. 北京:人民交通出版社,1997.

[3]彭富强. 公路养护技术与管理[M]. 北京:人民交通出版社,2010.

[4]杨文渊,徐犇. 桥梁维修与加固[M]. 北京:人民交通出版社,2000.

3. 行业标准

[1]中华人民共和国行业标准. JTG H10—2009　公路养护技术规范[S]. 北京:人民交通出版社,2009.

[2]中华人民共和国行业标准. JTG H11—2004　公路桥涵养护技术规范[S]. 北京:人民交通出版社,2004.

[3]中华人民共和国行业标准. JTG H12—2003　公路隧道养护技术规范[S]. 北京:人

民交通出版社,2003.

[4]中华人民共和国行业标准. JTG/T H21—2011　公路桥梁技术状况评定标准[S]. 北京:人民交通出版社,2011.

(二)师资条件建议

(1)专任教师:具有高校教师资格证,具有桥隧养护岗位工作经历,精通桥梁、隧道工程养护、试验检测相关的基本理论与专业知识,具有较强的教科研能力。

(2)兼职教师:具有5年以上桥梁、隧道建设施工或养护管理及相关岗位工作经历,有丰富的实际工作经验;具有中级以上专业技术职称或在职业技能竞赛中获得奖励;具有较强的教学组织能力。

(三)试验实训条件建议

本课程的试验实训条件配置建议如表4所示。

试验实训条件配置建议表　　表4

实训室名称	主要设备名称	主要实训项目
路桥园综合实训基地	设计文件、图纸、养护技术规范	桥隧养护准备实训
	桥梁上部结构模型展示区	桥梁上部结构识别及养护
	桥梁模型展示区	梁桥、拱桥结构识别及养护
	涵洞模型展示区	涵洞结构识别及养护
	隧道模型展示区	隧道结构识别及养护

(四)教学方法建议

针对具体的教学内容和教学过程,总体采用项目教学法。在具体教学方法中,运用任务引导法、案例法、小组协作学习法等多种方法组织教学,以学生为中心"做中学、学中做",让学生人人参与,培养学生团队协作能力和实践动手能力。

(五)教学评价建议

本课程采用过程考核、综合考核等多元性评价,其中过程考核包括学习态度、课程作业等,占课程总成绩的40%,综合考核包括期末考试等,占课程总成绩的60%,全面综合评价学生能力。课程的考核办法如表5所示。

课程考核表　　表5

考核项目		考核方式	比例	
			分项	总体
过程考核	学习态度	根据课堂教学参与情况、课堂回答问题、出勤情况,由教师综合评定学生的学习态度得分	50%	40%
	课程作业	根据学生完成课后作业、任务工单的情况,由教师来评定成绩	50%	
综合考核		结合期末考试、实践考核等综合评定成绩	100%	60%
合计				100%

(课程标准制订人:孟丛丛)

附件4:《高速公路养护管理》课程标准

一、课程定位

本课程定位如表1所示。

课程定位表　　表1

课程名称及编号	高速公路养护管理(520224)
课设学期及学时	第4学期,共51学时
课程类型	专业核心学习领域
先导课程	工程力学、工程制图与识图、工程测量、道路建筑材料试验、土力学与地基基础
平行课程	路基路面养护、桥隧养护、公路沿线设施施工
后续课程	公路工程监理、公路工程资料管理、公路沿线设施检测

二、课程性质

本课程是高职类高等级公路维护与管理专业核心学习领域之一,其目标是通过学习使学生能进行高速公路养护管理工作,培养学生高速公路养护管理和施工管理的能力,以及运用国家现行养护技术规范、规程、标准的能力,促进学生处理实际工程问题能力和养护管理能力的提高。本专业学生应达到养护工资格证书相关技术考证的基本要求。

三、课程设计思路

按照职业岗位和职业能力培养的要求,本课程将学生职业能力培养的基本规律与课程系统化以及学生专业能力、方法能力和社会能力相结合,形成以企业真实生产项目为载体,以项目导向组织教学,以学生为中心、教师引导、教学做一体的工学结合教学模式,解决学生知识、技能、素质协调发展问题。

本课程在内容组织与安排上参照国家行业标准和职业岗位的职业要求,遵循学生职业能力培养的基本规律,进行基于工作过程的课程开发,构建区别于传统学科型课程内容体系的基于工作过程的课程内容体系。以高速公路养护管理工作中真实的工作任务及工作过程为载体,确定主题学习模块,将教学内容按照高速公路养护管理的要点进行序化。通过设置相应的学习情境,先教学生“学中做”,然后再教学生“做中学”,并引入相关的现行职业技能资格标准进行对照,真正做到“教、学、做”相结合,理论与实践一体化,实现操作知识与课程理论知识的深度融合。

四、课程目标

(一)知识目标

(1)了解高速公路养护管理任务及方针政策;
(2)熟悉各项工程维修管理工作计划的编制;
(3)熟悉高速公路专项养护和大修管理工作;
(4)掌握高速公路养护施工组织计划的编制;

(5)掌握养护施工组织方法，如流水作业法；
(6)掌握养护机械设备的配置、使用和维护；
(7)了解高速公路养护管理制度和养护信息化管理。

(二)能力目标

(1)能编制各项工程维修管理工作计划并能监督养护计划实施；
(2)能进行高速公路专项养护和大修管理工作；
(3)能制订高速公路交通管制方案；
(4)能编制高速公路养护施工组织计划；
(5)能掌握养护施工组织方法，如流水作业法；
(6)能掌握养护机械设备的配置，及使用和维护；
(7)能进行高速公路施工、养护资料的管理；
(8)能使用高速公路养护管理系统软件。

(三)素质目标

(1)具有良好的思想品德、心理素质；
(2)具有团队协作、协调人际关系的能力；
(3)具有获取新知识、新技能的学习能力和创新能力；
(4)具有综合运用所学知识分析和解决问题的能力；
(5)具有良好的职业道德和敬业精神。

五、课程内容与学习目标

(一)课程内容结构安排

本课程分高速公路养护管理认知等5个学习情境，下设高速公路养护管理认知等13个工作任务，具体见表2。

课程内容结构安排一览表 表2

序号	学习情境	工作任务	参考学时
1	高速公路养护管理认知	高速公路养护管理认知	2
		高速公路养护管理体制认知	2
		高速公路养护管理制度认知	4
2	高速公路养护施工管理	高速公路维修保养管理	10
		高速公路专项养护工程管理	6
		高速公路大修工程管理	6
		高速公路养护施工组织	4
3	高速公路养护质量管理	高速公路养护质量评定	4
		高速公路养护工作考核	2
4	高速公路机械化养护管理	高速公路养护设备配置	2
		高速公路养护设备使用与维护	4

续上表

序号	学习情境	工作任务	参考学时
5	高速公路养护信息化管理	高速公路养护管理系统安装	2
		高速公路养护管理系统使用	3
合计			51

(二)课程内容要求(表3)

课程内容要求 表3

<table>
<tr><td colspan="2">学习情境1:高速公路养护管理认知</td><td>参考学时:8</td></tr>
<tr><td colspan="3">学习目标:
1. 熟悉高速公路养护管理的任务、分类及内容;
2. 能根据养护管理方针与政策正确实施养护管理工作;
3. 熟悉养护管理体制及养护管理的市场化等;
4. 能遵守各项养护技术管理制度</td></tr>
<tr><td colspan="3">学习内容:
1. 高速公路养护管理认知;
2. 高速公路养护管理体制认知;
3. 高速公路养护管理制度认知</td></tr>
<tr><td>教学资源:
讲义、教案、多媒体课件、规程等。
企业资源:
养护管理规章制度等</td><td colspan="2">对学生基础要求:
1. 具有高速公路基础知识概念;
2. 了解养护基础知识;
3. 具有一定归纳分析能力</td></tr>
<tr><td colspan="2">学习情境2:高速公路养护施工管理</td><td>参考学时:26</td></tr>
<tr><td colspan="3">学习目标:
1. 能进行高速公路日常维修保养管理;
2. 能做好高速公路的雨季防汛、冬季防滑等;
3. 熟悉高速公路专项工程和大修工程的组织程序;
4. 能制订作业区交通管制方案;
5. 能编制高速公路养护施工组织计划并监督执行</td></tr>
<tr><td colspan="3">学习内容:
1. 高速公路维修保养管理;
2. 高速公路专项养护工程管理;
3. 高速公路大修工程管理;
4. 高速公路养护施工组织</td></tr>
<tr><td>教学资源:
讲义、教案、多媒体课件、实训指导书、任务工单、图片、模型等。
企业资源:
养护案例、养护技术规范等</td><td colspan="2">对学生基础要求:
1. 具有高速公路基础知识概念;
2. 了解养护基础知识;
3. 具有一定归纳分析能力</td></tr>
</table>

续上表

<table>
<tr><td>学习情境3:高速公路养护质量管理</td><td>参考学时:6</td></tr>
<tr><td colspan="2">学习目标:
1. 能根据路面使用品质等进行养护质量评定;
2. 能根据高速公路养护管理要求进行养护工作考核</td></tr>
<tr><td colspan="2">学习内容:
1. 高速公路养护质量评定;
2. 高速公路养护工作考核</td></tr>
<tr><td>教学资源:
讲义、教案、多媒体课件、实训指导书、任务工单、规范规程等。
企业资源:
养护案例、养护技术规范等</td><td>对学生基础要求:
1. 具有高速公路基础知识概念;
2. 了解养护基础知识;
3. 具有一定归纳分析能力</td></tr>
<tr><td>学习情境4:高速公路机械化养护管理</td><td>参考学时:6</td></tr>
<tr><td colspan="2">学习目标:
1. 能针对具体养护工作进行高速公路养护设备配置;
2. 能正确使用和维护高速公路养护设备</td></tr>
<tr><td colspan="2">学习内容:
1. 高速公路养护设备配置;
2. 高速公路养护设备使用与维护</td></tr>
<tr><td>教学资源:
讲义、教案、多媒体课件、实训指导书、任务工单、图片、模型、FLASH 动画、规程等。
企业资源:
养护案例、养护技术规范等</td><td>对学生基础要求:
1. 具有高速公路基础知识概念;
2. 了解养护基础知识;
3. 具有一定归纳分析能力</td></tr>
<tr><td>学习情境5:高速公路养护信息化管理</td><td>参考学时:5</td></tr>
<tr><td colspan="2">学习目标:
1. 能安装各种高速公路养护信息管理系统;
3. 能使用各种高速公路养护信息管理系统</td></tr>
<tr><td colspan="2">学习内容:
1. 高速公路养护管理系统安装;
2. 高速公路养护管理系统使用</td></tr>
<tr><td>教学资源:
讲义、教案、多媒体课件、养护管理软件、规程等。
企业资源:
公路养护案例等</td><td>对学生基础要求:
1. 具有高速公路基础知识概念;
2. 了解养护基础知识;
3. 具有一定归纳分析能力</td></tr>
</table>

六、课程实施建议

(一)教材及参考资源建议

1. 教材

陈传德. 高速公路养护管理[M]. 北京:人民交通出版社,2005.

2. 参考书

[1]《高速公路养护管理手册》编委会. 高速公路养护管理手册[M]. 北京:人民交通出版社,2002.

[2]交通部公路管理司. 公路养护与管理手册[M]. 北京:人民交通出版社,1997.

[3]曾胜. 高速公路养护无损检测技术[M]. 北京:人民交通出版社,2014.

[4]高建立. 高速公路沥青路面养护关键技术与工程实例[M]. 北京:人民交通出版社,2006.

[5]彭富强. 公路养护技术与管理[M]. 北京:人民交通出版社,2010.

3. 规范规程

[1]中华人民共和国行业标准. JTG H10—2009　公路养护技术规范[S]. 北京:人民交通出版社,2009.

[2]中华人民共和国行业标准. JTG H11—2004　公路桥涵养护技术规范[S]. 北京:人民交通出版社,2004.

[3]中华人民共和国行业标准. JTG H12—2003　公路隧道养护技术规范[S]. 北京:人民交通出版社,2003.

[4]中华人民共和国行业标准. JTG/T H21—2011　公路桥梁技术状况评定标准[S]. 北京:人民交通出版社,2011.

(二)师资条件建议

(1)专任教师:具有高校教师资格证,具有高速公路养护管理岗位工作经历,精通桥梁、隧道工程养护、试验检测相关的基本理论与专业知识,具有较强的教科研能力。

(2)兼职教师:具有5年以上桥梁、隧道建设施工或养护管理及相关岗位工作经历,有丰富的实际工作经验;具有中级以上专业技术职称或在职业技能竞赛中获得奖励;具有较强的教学组织能力。

(三)试验实训条件建议

本课程的试验实训条件配置建议如表4所示。

试验实训条件配置建议表　　表4

实训室名称	主要设备名称	主要实训项目
路桥园综合实训基地	设计文件、图纸、养护技术规范	高速公路养护管理准备实训
	路基工程展示区	路基工程养护管理
	挡土墙、草皮护坡、浆砌片石等边坡防护设施展示区	路基防护工程养护管理
	路面工程展示区	路面工程养护管理
	桥梁上部结构模型展示区	桥梁上部结构养护管理
	桥梁模型展示区	梁桥、拱桥结构养护管理
	涵洞模型展示区	涵洞养护管理
	隧道模型展示区	隧道工程养护管理

(四)教学方法建议

针对具体的教学内容和教学过程,总体采用项目教学法。在具体教学方法中,运用任务引导法、案例法、小组协作学习法等多种方法组织教学,以学生为中心"做中学、学中做",让学生人人参与,培养学生团队协作能力和实践动手能力。

(五)教学评价建议

本课程采用过程考核、综合考核等多元性评价,其中过程考核包括学习态度、课程作业等,占课程总成绩的40%,综合考核包括期末考试等,占课程总成绩的60%,全面综合评价学生能力。课程的考核办法如表5所示。

课程考核表

表5

考核项目		考核方式	比例	
			分项	总体
过程考核	学习态度	根据课堂教学参与情况、课堂回答问题、出勤情况,由教师综合评定学生的学习态度得分	50%	40%
	课程作业	根据学生完成课后作业、任务工单的情况,由教师来评定成绩	50%	
综合考核		结合期末考试、实践考核等综合评定成绩	100%	60%
合计				100%

(课程标准制订人:孟丛丛)